全国渔业船员培训统编教材
农业部渔业渔政管理局 组编

船舶无线电操作
理论与实操手册

（远洋渔业船舶无线电操作员适用）

顾惠鹤 艾万政 严华平 编著

中国农业出版社

图书在版编目（CIP）数据

船舶无线电操作理论与实操手册：远洋渔业船舶无线
电操作员适用 / 顾惠鹤，艾万政，严华平编著 . —北京：
中国农业出版社，2017.3
　全国渔业船员培训统编教材
　ISBN 978 - 7 - 109 - 22761 - 3

Ⅰ . ①船…　Ⅱ . ①顾… ②艾… ③严…　Ⅲ . ①航海
通信-无线电通信-技术培训-教材　Ⅳ . ①U675.75

中国版本图书馆 CIP 数据核字（2017）第 032917 号

中国农业出版社出版
（北京市朝阳区麦子店街 18 号楼）
（邮政编码 100125）
策划编辑　郑　珂　黄向阳
责任编辑　郭永立

三河市君旺印务有限公司印刷　新华书店北京发行所发行
2017 年 3 月第 1 版　　2017 年 3 月北京第 1 次印刷

开本：700mm×1000mm　1/16　印张：15.5
字数：248 千字
定价：50.00 元
（凡本版图书出现印刷、装订错误，请向出版社发行部调换）

全国渔业船员培训统编教材
编审委员会

全国渔业船员培训统编教材编辑委员会

丛书序

安全生产事关人民福祉，事关经济社会发展大局。近年来，我国渔业经济持续较快发展，渔业安全形势总体稳定，为保障国家粮食安全、促进农渔民增收和经济社会发展作出了重要贡献。"十三五"是我国全面建成小康社会的关键时期，也是渔业实现转型升级的重要时期，随着渔业供给侧结构性改革的深入推进，对渔业生产安全工作提出新的要求。

高素质的渔业船员队伍是实现渔业安全生产和渔业经济持续健康发展的重要基础。但当前我国渔民安全生产意识薄弱、技能不足等一些影响和制约渔业安全生产的问题仍然突出，涉外渔业突发事件时有发生，渔业安全生产形势依然严峻。为加强渔业船员管理，维护渔业船员合法权益，保障渔民生命财产安全，推动《中华人民共和国渔业船员管理办法》实施，农业部渔业渔政管理局调集相关省渔港监督管理部门、涉渔高等院校、渔业船员培训机构等各方力量，组织编写了这套"全国渔业船员培训统编教材"系列丛书。

这套教材以农业部渔业船员考试大纲最新要求为基础，同时兼顾渔业船员实际情况，突出需求导向和问题导向，适当调整编写内容，可满足不同文化层次、不同职务船员的差异化需求。围绕理论考试和实操评估分别编制纸质教材和音像教材，注重实操，突出实效。教材图文并茂，直观易懂，辅以小贴士、读一读等延伸阅读，真正做到了让渔民"看得懂、记得住、用得上"。在考试大纲之外增加一册《渔业船舶水上安全事故案例选编》，以真实事故调查报告为基础进行编写，加以评论分析，以进行警示教育，增强学习者的安全意识、守法意识。

相信这套系列丛书的出版将为提高渔民科学文化素质、安全意识和技能以及渔业安全生产水平，起到积极的促进作用。

　　谨此，对系列丛书的顺利出版表示衷心的祝贺！

农业部副部长

2017 年 1 月

前　言

　　近年来，随着我国远洋渔业事业的发展，远洋渔船与从业人员的数量日益增多，掌握必备的远洋知识就显得尤为重要。无线电业务知识作为需要远洋渔业驾驶人员重点掌握的知识内容，正成为渔业船舶安全航行的重要保障，这其中全球海上遇险与安全系统（Global Maritime Distress and Safety System，GMDSS）的内容就显得尤为重要。GMDSS 是《1974 年国际海上人命安全公约》规定的全球海上移动无线电通信系统，是国际海事组织为了最大程度地保障海上人命与财产安全，进一步完善常规海上通信手段，利用现代化的通信技术改善海上遇险与安全通信，建立新的搜救通信网络而开发的综合系统。其目标是：使岸上搜救当局和在遇险事件发生地区附近航行的船舶能迅速得到遇险船舶的遇险报警，以便迅速协调行动进行救助；系统可提供各种紧急和安全通信手段，向船舶播发航行警告、气象警告和气象预报。GMDSS 的实施对促进船舶遇险通信和救助的现代化，增强船舶航行的安全，具有极其重要的意义。

　　本书根据《农业部办公厅关于印发渔业船员考试大纲的通知》（农办渔〔2014〕54 号）中关于渔业船员理论考试和实操评估的要求编写，全书分为两个部分，第一部分面向理论考试，分为七章；第二部分面向实操评估，分为十二章。理论部分由顾惠鹤与严华平编写，实操部分由浙江海洋大学艾万政编写。理论部分的编写着眼于渔业船员的实际文化水平，着重介绍 GMDSS 系统的主要功能，省略了一些原理内容，以便于渔业船员掌握。实操部分的编写则强调渔业船员实际技能的掌握。

　　本书可作为渔业船员培训的教材，也可供渔业 GMDSS 岸台业务人员学习使用。

　　由于编者水平及资料来源有限，加之通信及网络技术的迅速发展，书中难免存在不足之处，恳请广大读者提出宝贵意见与建议。

编著者

2017 年 1 月

目 录

丛书序

前言

第一部分　船舶无线电理论

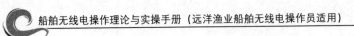

第二部分 船舶无线电操作与评估

第一部分

船舶无线电理论

第一章　GMDSS 基础知识

全球海上遇险与安全系统（Global Maritime Distress and Safety System，GMDSS）是国际海事组织（International Maritime Organization，IMO）为改善全球海上遇险和安全通信条件并建立新的海上搜救通信程序，提出的一个利用多种通信手段及多个遇险和安全频率的遇险与安全通信系统。

GMDSS 引入卫星通信等先进通信手段和信息传输技术，替代了已经在船舶通信中使用近百年的无线电报等通信手段，实施海上无线电自动化通信，从根本上改变了船舶通信条件，对海上航行的船舶的遇险报警和航行安全通信起到充分保障作用，也是近年来海上无线电通信的一次革命。

GMDSS 从 1992 年 2 月 1 日开始实施，1999 年 2 月 1 日全面实施。实施的依据是《1974 年国际海上人命安全公约》（《SOLAS 74 公约》）第四章全球海上遇险和安全系统部分有关船舶无线电通信的 1988 年修正案。虽然以后 IMO 的有关会议和决议对 GMDSS 做出了一些修改，但基本还是以《SOLAS 74/88 公约》为指南。目前系统采用的通信技术已经明显落后于陆地现代化通信发展的进程。

GMDSS 实施的范围为：所有远洋航行的客船和 500GT（总吨）以上的货船。

第一节　GMDSS 概述

一、GMDSS 概念

GMDSS 是一个全球性的采用最适宜的通信技术和工作方法的系统。GMDSS 重点强调岸上相关搜救部门在搜寻和救助中的主导作用，由过去通信系统中的"以海上中心"转为以"岸基为中心"，为海上的搜寻与救助工作指定了具体的管理部门，把搜寻和救助这项义务性质的工作变为可进行责任追究的工作。

GMDSS 实施的主要目的为：可靠的遇险报警。当船舶一旦发生遇险事件，能迅速地报警，并以岸基为中心，陆上负责搜索与救助的主管部门和遇险船附近的其他船舶协作行动，能进行迅速有效的搜索与营救工作，遇险船舶能得到及时的救助，使得海难事故的损失降到最低。

GMDSS 系统不仅能提供遇险通信、遇险发生后的搜寻与救助，而且还提供紧急、安全通信，以及航行警告、气象警告和气象预报的海上安全信息，最大限度地避免海难事故的发生。

GMDSS 的原理示意见图 1-1。

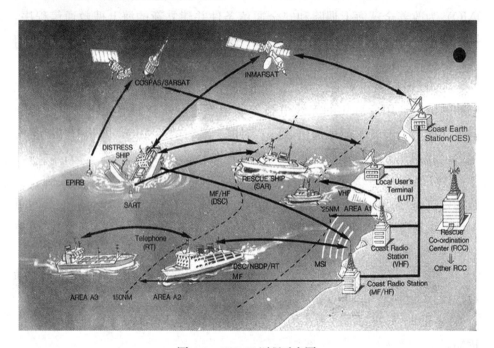

图 1-1　GMDSS 原理示意图

COSPAS/SARSAT　搜救卫星　Inmarsat　国际海事卫星　DISTRESS SHIP　遇险船

EPIRB　紧急无线电示位标　SART　搜救雷达应答器　MSI　海上安全信息

RESCUE SHIP　救援船　Coast Radio Station　海岸电台　VHF　甚高频　MF　中频　HF　高频

Coast Earty Station（CES）　海岸地球站　Local User's Terminal（LUT）　本地用户终端

Rescue Co-ordination Center（RCC）　救助协调中心　Area A1　A1 海区

Area A2　A2 海区　Area A3　A3 海区

二、GMDSS 的功能

根据《国际海上人命安全公约》（International Convention for the Satety

of Life at Sea，《SOLAS 公约》）第四章的规定，海上航行的服从于《SO-LAS 公约》的所有船舶，无论其航行在哪个海区都必须具备以下九大功能。

1. 发送船到岸的遇险报警

要求至少使用两个分别独立的无线电装置，每个装置应使用不同的无线电通信业务。

2. 接收岸到船的遇险报警

当海岸电台或陆地地球站在收到船舶遇险报警后，对遇险船附近的其他船舶转发遇险报警。

3. 发送和接收船到船的遇险报警

在 GMDSS 中，可在三个方向上进行遇险报警：船到岸、船到船和岸到船，其中最重要和有效的是船到岸的报警。系统报警的成功概率极高，从而提高了成功救助的可能性。

航行的船舶一旦遇险可迅速向搜救协调中心（Rescue Coordinate Center，RCC）和附近其他船舶发出遇险报警。报警的收妥可以是人工，也可以是自动。

通常，遇险报警应包括遇险信号、遇险船舶的识别和遇险的位置以及遇险时间，如时间许可，还应表明遇险性质和有助于搜救行动的其他信息。

4. 搜救协调通信功能

搜救协调通信是指在遇险报警后，参与搜救行动的搜救协调中心（RCC）与参与救助的其他船舶、飞机和陆上其他机构之间进行的通信。包括 RCC 和遇险事件现场的"海面现场指挥员"或"海面搜寻协调员"之间进行的通信。是通信双方为有关遇险救助所进行的双向通信，有别于遇险报警。

5. 现场通信功能

现场通信是遇险现场遇险船舶和援助单位（救援的船舶或救助的飞机）之间为救助目的而进行的通信，遇险船舶或海面现场指挥员应负责现场通信，现场通信的管制、选择或指定现场通信的方式和现场通信频率。由于现场通信的距离比较近，一般使用 VHF 或中频频段，通信方式通常使用无线电话，但根据实际情况，只要有助于搜救通信工作，也可以使用其他通信方式和通信频段。

6. 定位与寻位功能

定位功能是为了确定遇险船舶的船位，遇险船舶一般可以使用卫星通信系统和地面通信系统的报警设备发出，接收到遇险报警的船岸单位可以得到遇险船舶的具体位置，也可以由系统测定遇险船的位置。

当船舶遇险时，救助单位获得的遇险位置和遇险船舶、救生艇筏或遇险幸存者的实际位置存在一定的误差，在搜救过程中，寻位功能提供了快速发现遇险船或幸存者的功能，能尽快发现遇险船舶或幸存者的确切位置。搜救雷达应答器（Search and Rescue Radar Transponder，SART）和 X 波段导航雷达共同组成寻位系统，完成寻位功能。

7. 海上安全信息播发功能

海上安全信息是播发给航行船舶的航行警告、气象警告、气象预报和其他的有助于海上航行船舶安全的海上安全信息，用以保证船舶的航行安全。主要是通过"国际 NAVTEX 业务"和"EGC 安全网业务"向船舶播发。船舶的相关设备能自动接收海上安全信息。

8. 日常无线电通信

日常无线电通信也称常规无线电通信，是指除遇险通信、紧急通信和安全通信外的公众业务通信和船舶业务通信。通常为船舶和陆地上的船东公司、代理公司、船舶管理公司或其他用户之间进行的有关日常管理、船舶营运、船舶调度、货物装载进出港联系通信及私人通信。日常无线电通信可以使用地面通信系统和卫星通信系统，沿岸航行还可以用手机或移动数据上网。通信应在公众通信使用的适当频道上进行。

9. 驾驶台对驾驶台通信功能

驾驶台对驾驶台通信是指从通常驾驶位置进出的船舶之间的 VHF 无线电话通信，也称船舶间的航行安全通信。其目的是为保障船舶航行的安全。

三、GMDSS 系统的组成

(一) 卫星通信系统

包括卫星通信系统（Inmarsat）和国际搜救卫星系统（COSPAS-SAR-SAT）。

卫星通信系统（Inmarsat）目前主要使用 Inmarsat-C、Inmarsat-M、Inmarsat-F 和 FBB。可以完成遇险和安全通信、日常通信、数据通信和上网通信。是 GMDSS 系统的一个重要组成部分。

国际搜救卫星系统（COSPAS-SARSAT）是利用低极轨道卫星和静止轨道卫星进行遇险船舶 EPIRB 在 406MHz 波段发射的遇险报警的监测，以进行报警信号的接收和测定遇险船舶的位置。

（二）地面通信系统

根据船舶航行的海区，在地面通信系统（Terrestrial Communication System）中，按距离划分为远距离业务、中距离业务和近距离业务，不同的业务使用不同的通信设备。或按频段划分为 MF、HF 和 VHF 分系统。

1. 近距离业务

使用 VHF 分系统，用于近距离遇险报警、遇险和安全通信、日常通信。

2. 中距离业务

使用 MF 分系统，用于中距离遇险报警、遇险和安全通信、日常通信。

3. 远距离业务

使用 HF 分系统，用于远距离遇险报警、遇险和安全通信、日常通信。A4 海区由于离岸距离比较远，又不能使用 Inmarsat 卫星通信，在此海区 HF 通信是唯一的通信手段。

（三）寻位和定位系统

寻位和定位系统（Position & Locating System）由定位功能和寻位功能组成。定位功能主要依靠 COSPAS-SARSAT 中的 406MHz EPIRB 完成。

寻位功能主要依靠由 SART 和工作在 9GHz 的导航雷达完成。一旦船舶发生遇险情况，打开 SART，邻近的船舶能及时发现遇险船舶或幸存者的确切位置，能引导搜救的船舶或飞机及时发现遇险船舶或幸存者的位置。

（四）海上安全信息播发系统

海上安全信息播发系统（Promulgation of Maritime Safety Information, MSI）的主要任务是及时有效地向船舶提供有关航行警告、气象警告和气象预报及其他重要的海上安全信息，以确保船舶航行的安全。

MSI 播发系统主要有两个系统，即 NAVTEX 系统和 EGC 系统。除此之外，船舶还可以通过 Internet、气象传真机、MF/HF 无线电传和无线电话设备获得有关海上安全方面的信息。

1. NAVTEX 系统

NAVTEX 系统也称无线电航警电传系统，属于中距离通信系统，工作频率主要是在 518kHz、490kHz 和 4209.5kHz 频率，用英语使用无线电传定时向航行船舶发出航行警告、气象警告、气象预报及其他相关的海上安全信息。其中 490kHz 用于非英语类的本国语言广播。覆盖范围是 400n mile 以内的沿岸航行区域。

2. EGC 系统

增强群呼系统（Enhanced Group Call，EGC）是 Inmarsat 的分系统，主要支持两种业务，即安全网（Safety Net）业务和船队网（Fleet Net）业务。安全网业务是向船舶广播 MSI 信息，船队网业务是向船舶提供公众消息和商业服务信息。

EGC 系统安全网（Safety Net）是通过 Inmarsat 卫星向固定海域、临时规定区域的船舶群或所有船舶提供全球统一的自动海上安全信息卫星广播业务。该系统即具有和 NAVTEX 系统相同的功能，又弥补了 NAVTEX 的空白，保证了 NAVTEX 岸台覆盖不到的远海域、没有能力建立 NAVTEX 业务或由于船舶密度太低而不开放 NAVTEX 业务的沿海海域的船舶，能够接收到海上安全信息。只要船舶配备具有 EGC 接收功能的相关设备（如 In-marsat-C 船站），可以接收 EGC 系统播发的海上安全信息。

第二节　电台的识别

一、电台的分类

（一）船舶电台

船舶电台（Ship Station）为水上移动业务中设在非永久停泊的船舶上的移动电台，专门从事水上移动业务，但不同于营救器电台。习惯简称船台。

（二）海岸电台

海岸电台（Coast Station）是专门从事水上移动业务的陆地电台，是专门为船岸提供常规通信的电台，一般还提供海上遇险安全值守和通信，以及海上报时、海上气象预报和沿海航行警告等大量的公益性业务通信。习惯简称岸台。

（三）港口电台

港口电台（Port Station）是专门从事港口业务通信的陆地电台。

二、船舶电台的标识

船舶电台的标识有多种形式，其主要作用是进行船舶间和船舶与陆上电台通信过程中的相互识别。早期船舶只有一个船名，但是随着通信技术的发展和通信的需要，出现了船舶呼号、水上移动业务选择性呼叫号码、海上移动通信标识和国际移动卫星船用终端业务识别码等标识。其中，船名是由船东根据自己的意愿命名的，其他标识一般由相关国际组织把标识码的范围统一分配给各个国家和地区，再由各个国家和地区的相关通信管理部门具体分配到各条船舶和各种其他电台，并且不允许出现重复，以确保每条船舶有一个独一无二的标识，保证通信的顺利进行。

（一）呼号的组成

根据《无线电规则》Radio Regulation 第 VI 章的规定，所有开放国际公众通信业务的电台，都应当具有国际电信联盟，简称国际电联（International Telecommunication Union，ITU）"国际呼号序列划分表"分配的呼号（Call Sign）。国际电联划分给中华人民共和国的呼号范围是：BAA-BZZ、XSA-XSZ 和 3HA-3UZ。其中，我国的船舶电台呼号在 BAA-BZZ 范围内，海岸电台的范围是 XSA-XSZ。

1. 海（江）岸电台呼号

海岸电台呼号由两个字符和一个字母，或两个字符和一个字母后跟不超过三位数字（紧靠着字母处的数字 0 或 1 除外）组成。

例如，我国上海海岸电台的呼号是 XSG，广州海岸电台的呼号是 XSQ，新加坡海岸电台的呼号是 9VG 等。

2. 船舶电台呼号

船舶电台呼号由两个字符和两个字母，或两个字符、两个字母和一位数字（紧靠着字母处的数字 0 或 1 除外）组成。例如："新厦门"轮的呼号是 BPBB，"Amendsen sea"轮的呼号为 3EAH2 等。

（二）无线电话电台的识别组成

1. 海（江）岸电台识别组成

为海岸电台的呼号、海岸电台的名称（通常为港口地理名称后面加"RADIO"）或其他识别。如 SHANGHAIRADIO。

2. 专用话台识别组成

为电台的呼号、单位名称或其他识别。

3. 船舶电台识别组成

为船舶电台的呼号、船舶的正式名称（通常为 M/V 加船名）或其他识别。如 M/V XINXIAMEN。

（三）水上移动业务选择性呼叫号码的组成

目前仅用于在地面系统中船舶的无线电传通信。

海岸电台采用四位数字。例如：上海海岸电台的水上移动选择性呼叫号码是 2010，广州海岸电台的水上移动选择性呼叫号码是 2017。

船舶电台采用五位数字。例如：向鹰轮的水上移动选择性呼叫号码是 19723。

（四）水上移动业务识别（Maritime Mobile Service Identities，MMSI）**的组成**

1. 水上移动业务识别

由一列九位数字组成，有四种类型：

①船舶电台标识；

②海岸电台标识；

③成组船舶电台标识；

④成组海岸电台标识。

2. 船舶电台的水上移动业务识别的组成

船舶电台的 MMSI 主要用于 DSC、EPIRB 和 NBDP 等设备。在船舶，还用于 AIS、VDR 等设备。

船舶电台 MMSI 码的组成结构为 $M_1I_2D_3X_4X_5X_6X_7X_8X_9$。

其中，$M_1I_2D_3$ 代表分配给每一个国家或地区的水上识别数字（Maritime Identification Digit，MID），首位数代表国家和地区所在的地理位置，用数字 2~7 表示，2 为欧洲、3 为北美洲、4 为亚洲（除东南亚）、5 为澳洲（包括东南亚）、6 为非洲、7 为南美洲。目前，国际电联分配给我国的 MID 有 3 个，分别是 412、413 和 414，X 为 0~9 中的任意一个数字。如"新厦门"轮的识别码就是 413005000。

船舶电台的 MMSI 码有三种形式：

全球形式：以三个"0"结尾；

区域形式：以二个"0"结尾；

国内形式：以一个"0"结尾。

3. 成组船舶电台识别的组成

用于同时呼叫两艘以上的成组船舶电台标识的组成结构为：$0_1M_2I_3D_4X_5X_6X_7X_8X_9$。

其中，第一位数字为 0，$M_2I_3D_4$ 为水上识别数字，X 为 0~9 中的任意一个数字。

4. 海岸电台标识和成组海岸电台标识的组成

海岸电台标识和成组海岸电台标识的组成结构相同，为 $0_10_2M_3I_4D_5X_6$

$X_7X_8X_9$。

其中，前二位数字为 00，$M_3I_4D_5$ 为水上识别数字，X 为 0～9 中的任意一个数字。例如，我国上海海岸电台的识别码是 004122100，广州海岸电台的识别码是 004123100。

（五）国际移动卫星船用终端识别码

国际移动卫星船用终端识别码（Inmarsat Mobile Number，IMN）供用户终端使用，用于电话码、传真码、电传码、数据码等，不同的通信业务有不同的 IMN。

1. Inmarsat-B/M 标准移动站

Inmarsat-B/M 标准移动站 IMN 由 Inmarsat 各成员国经办机构（RO）分配，其 IMN 由 9 位十进制数码组成，结构为：

3 MID $X_5X_6X_7Z_8Z_9$（B 标准移动站）和 6 MID $X_5X_6X_7Z_8Z_9$（M 标准移动站）。

MID$X_5X_6X_7$：与其所在船舶的水上移动业务识别码（MMSI）前 6 位相同。

Z_8Z_9：用于区分同一船上安装的多个同类移动站或多通道（移动站的不同通道），取值范围 10～99。

2. Inmarsat-C 标准移动站

Inmarsat-C 标准移动站 IMN 由 Inmarsat 各成员国经办机构（RO）分配，其 IMN 由 9 位十进制数码组成，结构为 4 MID $X_5X_6X_7Z_8Z_9$，4 表示 C 标准移动业务，MID $X_5X_6X_7Z_8Z_9$ 同 Inmarsat-B/M 标准移动站识别码。

3. Inmarsat Mini-M 标准移动站

Inmarsat Mini-M 标准移动站 IMN 由 RO 按照 Inmarsat 批量分配的范围进行分配，其 IMN 由 9 位十进制数码组成，结构为 76$X_3X_4X_5X_6X_7Z_8Z_9$，X 为 0～9 中的任意数字，但 $X_6 \neq 0$。

4. IInmarsat-F 标准移动站

Inmarsat 的 IMN 的组成结构为 $T_1T_2X_1X_2X_3X_4X_5X_6X_7$。其中，$T_1T_2$ 语音服务为 76、数据 56/64kbps 传输为 60。

X_1～X_7 为任意十进制数，F77 IMN 由 Inmarsat 统一分配。

第三节 GMDSS 的海区划分和通信设备的配置

在 GMDSS 中，全球海区划分为 4 个，即 A1、A2、A3 和 A4 海区。

一、海区的划分

A1 海区——系指在至少有一个具有连续数字选择性呼叫（DSC）报警能力的甚高频（VHF）海岸电台的无线电话覆盖范围之内。通常离上述定义的海岸电台 20～30n mile 的范围。

A2 海区——系指除 A1 海区，在至少有一个具有连续数字选择性呼叫（DSC）报警能力的中频（MF）海岸电台的无线电话覆盖范围之内。通常离上述定义的海岸电台 150～200n mile 的范围。

A3 海区——系指除 A1 和 A2 海区，由具有连续报警能力的 Inmarsat 静止卫星所覆盖的范围内。即地球南北纬度 70°以内除 A1 和 A2 海区的区域。

A4 海区——系指除 A1、A2 和 A3 海区以外的区域。即南北纬度 70°以外的南北两极附近的海区。

海区示意如图 1-2 所示。

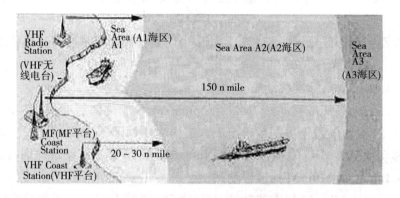

图 1-2　GMDSS 海区划分示意图

二、GMDSS 船用通信设备

在 GMDSS 实施之前的无线电系统中，船舶无线电通信设备是根据其船舶吨位和船舶的种类来配备的。而在 GMDSS 中，船舶无线电通信设备是根据船舶航行的海区来配备的。

《1974SOLAS 公约 88 修正案》对 GMDSS 规定了不同海区航行的船舶应配备不同的设备，以满足船舶九大通信功能的要求。设备的配备为基本配备和附加设备。基本配备是任何公约船所必须配备的通信设备，而附加设备是在基本配备的基础上，根据船舶具体航行的海区增配的通信设备。

（一）基本配备

①一台 VHF 无线电话设备，具有在 CH70 上收发 DSC 信息的功能，并能从船舶驾驶位置在 CH70 启动 DSC 遇险报警；此外，应当能在 CH6、CH13 和 CH16 上进行无线电话通信。

②一台能在 VHF CH70 上保持连续 DSC 值守的无线电装置，该装置通常和 VHF 无线电话设备组合在一起。

③9GHz SART 两个或 AIS-SART。

④便携式 VHF 无线电话三部。

⑤518kHz NAVTEX 接收机一台。

⑥一台卫星应急示位标（S-EPIRB）。

（二）各海区设备的具体配备

1. A1 海区的设备配备

①VHF 无线电话装置；

②在 CH70 频道上具有 DSC 功能的 VHF；

③VHF-DSC 值守接收机；

④两台 SART；

⑤便携式 VHF 无线电话三部；

⑥NAVTEX 接收机，如果超出 NAVTEX 覆盖区域，配备 EGC 设备和打印机；

⑦漂浮式卫星 EPIRB，或能在 VHF 的 CH70 上发送 DSC 遇险报警的 VHF-EPIRB。

2. A2 海区的设备配备

①同 A1 海区设备配备的①～⑥项；

②漂浮式卫星 EPIRB；

③带有 DSC 的中频无线电话设备；

④专用在 2187.5kHz 频率上的 MF 值班接收机。

3. A3 海区的设备配备

①同 A1 海区设备配备的①～⑥项；

②Inmarsat 移动站；或

③MF/HF 无线电设备加 DSC 扫描值班接收机和 NBDP 终端。

4. A4 海区的设备配备

①同 A1 海区设备配备的①～⑥项；

②漂浮式卫星 EPIRB；

③406MHz 漂浮式卫星 EPIRB；

④MF/HF 无线电设备加 DSC 扫描值守机和 NBDP 终端；

⑤MF/HF DSC 扫描值班接收机。

（三）GMDSS 对船舶通信设备的维修要求

国际海事组织规定，为了保证海上航行船舶通信设备的可用性，确保海上通信的可靠性，无论采用什么方法来保证 GMDSS 设备的可用性，船舶通信设备应能够在完成遇险和安全通信时才可以驶离港口。在保证 GMDSS 设备正常工作和可用性的同时，船舶通信设备还应满足如下条件：

①设备的设计应使主要部件易于更换而无需仔细地重新校准或调整；

②设备的构造和安装应便于进行检查和船上维修；

③应备有足够的资料以便对设备进行正确的操作和维修；

④应备有足够的工具、备件和测试仪器，以便对设备进行维修；

⑤要确保对无线电设备进行维修，以符合这些设备的建议性能标准。

GMDSS 规定了船舶通信设备的三个配备和维修方案，双套设备、岸基维修和海上维修。

航行在 A1 或 A2 海区的船舶，可通过使用双套设备、岸基维修或海上维修三种方法中的任何一种，或它们的组合。航行在 A3 和 A4 海区的船舶至少选择使用上述方法中的两种，来保证 GMDSS 设备的可用性。

第四节　海上移动业务无线电台的工作时间规定

一、一般要求

根据《STCW 公约》和国内相关规定的要求，船舶无线电操作人员必须认真履行无线电值班的职责，认真及时地处理各种往来的通信，确保各类通信顺利完成，并将通信情况详细、如实地记入《无线电台日志》。

大部分船舶未配备专职的无线电操作人员，GMDSS 遇险和安全设备在船舶航行期间应在规定的频率上保持 24h 的连续值守。配备专职无线电操作人员的船舶，海上航行时每天应当保持 8h 的无线电值守，具体时间根据《STCW 公约》和《无线电规则》的规定确定，同时，也应保持 GMDSS 设备在规定频率上的连续值守。无线电操作人员在履行无线电通信职责时，应确保在不影响船舶航行安全的情况下进行。

二、船舶电台在航行期间的值班要求

①保持在 2187.5kHz MFDSC 和 VHF 70 信道 VHFDSC 的 24h 连续值守；

②航行在 A3、A4 海区的船舶按要求配备 MF/HF DSC 值守机，要求在 DSC 遇险安全呼叫频率 2187.5kHz 和 8414.5kHz 上 24h 值守，另外还要在 DSC 遇 险 安 全 呼 叫 频 率 4207.5kHz、6312kHz、12577kHz 和 16804.5kHz 中的一个频率上保持不间断收听，也可在这些频率上全部扫描值守。发生报警时，按有关规定处理；

③保持 NAVTEX 接收机和 EGC 接收机常开，根据船舶航行的具体海域做适当的设置，以随时接收相关海岸电台和地面站播发的气象预报、气象警告、航行警告等海上安全信息；

④每天至少试验和测试一次 MF、HF 和 VHFDSC 遇险安全呼叫频率值守机，包括与收发设备和应急电源连控的试验，并将试验和测试情况记入无线电通信日志；

⑤每月至少测试一次救生艇筏双向无线电话设备和检查电池一次（备用电池不能拆封）；每个月至少试验一次 406MHz EPRIB，每周至少试验一次 SART，并将试验和测试情况记入无线电通信日志；

⑥能完成 VHF DSC 的自检。MF/HFDSC 每周通过海岸电台进行 DSC 的呼叫测试；

⑦航行中每天校对驾驶台天文钟和 GMDSS 相应设备的时钟一次；

⑧做好蓄电瓶充放电及保养工作；定期检查维护各种天线，并按时进行通导设备的维护保养工作。

第五节　海上移动业务无线电台发射类别

一、发射类别表示方法

发射类别又称工作类型或者工作种类，地面通信系统设备能完成多种发射类型的通信任务，如单边带无线电话（RT）、窄带直接印字电报（NB-DP）和数字选择性呼叫（DSC）等通信方式。

1979 年国际电联（ITU）无线电行政大会通过的《无线电规则》中规定：完整的工作类型包括五个字符。其中，前三个字符是必须遵循的基本特

征，后两个字符是可以选用的附加特征。

基本特征由三个字符组成。其中，第一个字符是字母，表示主载波的调制方式；第二个字符是数字，表示调制主载波信号的性质；第三个字符是字母，表示所发送信息的类型。

第一个字符表示主载波的调制方式，具体表示如下：

A——双边带调制。

B——独立边带。

C——残余边带。

F——频率调制。

G——相位调制。

H——单边带全载波。

J——单边带全抑制载波。

K——用幅度调制的脉冲系列。

P——未调制的脉冲系列。

R——单边带减幅或变幅载波。

第二个字符表示调制主载波信号的性质，具体表示如下：

1——单路的、不用调制副载波，但包括量化或数字的信息。

2——单路、采用副载波调制，包括量化或数字的信息。

3——单路，包含模拟信息。

7——双信道或多信息，包括量化或数字的信息。

第三个字符表示所发送信息的类型，具体表示如下：

A——人工接收的无线电报。

B——自动接收的无线电报。

C——传真。

D——数据传输、遥测技术和遥控操作。

E——无线电话（包括广播）。

F——电视（视频）。

二、常用的发射类别

A3E——双边带调幅电话。

H3E——单边带全载波电话。

R3E——单边带减幅载波电话。

J3E ——单边带抑制载波电话。

F3E ——频电话。

G3E ——调相电话。

在船舶无线电话通信中，使用的发射类别有 H3E、R3E、J3E、F3E、G3E 等。

发射类别 J3E，发出的载波功率应至少低于峰包功率 40dB，基本上不发射载波。J3E 为单边带工作方式，是船舶主要的无线电话通信的发射类别。

MF/HF 组合电台的 NBDP 和 DSC 方式，采用的工作种类是 F1B 或 J2B。

MF/HF 组合电台的无线电话的发射类别采用 J3E。

船舶的 VHF 设备，其无线电话采用 G3E 或 F3E 发射类别，DSC 采用 G2B 或 F2B 工作种类。

船舶典型发射类别及发射说明如表 1-1 所示。

表 1-1　典型发射类别及发射说明

发射类别	发射说明	发射类别	发射说明
J3E	单边带抑制载波电话	F1C	调频传真
H3E	单边带全载波电话	F1B	窄带直接印字电报
G3E	调相电话	J2B	单边带抑制载波调幅自动接收电报
F3E	调频电话		

第六节　GMDSS 遇险和安全频率的使用

地面通信系统的遇险安全呼叫频率和通信频率

地面通信系统的遇险报警和遇险安全频率的值守，使用 DSC 方式进行；遇险通信使用无线电话和无线电传方式进行。通常情况下，在 DSC 遇险呼叫频率呼叫后，在同波段的无线电话遇险安全频率上进行随后的遇险通信。如果遇险船舶认为使用无线电传方式有利于遇险通信，也可以使用无线电传遇险安全通信频率进行无线电传的遇险通信。

国际电联 ITU 在 MF 的 2MHz 频段、HF 的 4、6、8、12、16MHz 频段和 VHF 频段指配了 DSC 遇险和安全呼叫频率、无线电话和无线电传遇险与安全通信频率（表 1-2）。

表 1-2 DSC、无线电话、无线电传遇险与安全专用频率（kHz）

通信方式	MF	HF					VHF
DSC	2187.5	4207.5	6312.0	8414.5	12577.0	16804.5	CH70
无线电话	2182.0	4125.0	6215.0	8291.0	12290.0	16420.0	CH16
无线电传	2174.5	4177.5	6268.0	8376.5	12520.0	16695.0	

近距离通信业务在 VHF 波段上进行，通信距离在 20～30n mile。VHF CH16 频道（156.8MHz）是国际无线电话遇险与安全通信频道，同时也是无线电话呼叫频道。VHF CH16 频道除用作 VHF 无线电话遇险和安全通信专用频道外，日常情况下，还可用于海岸电台和船舶电台之间的呼叫和回频信道。海岸电台通常也使用该频道播发通话表或重要海上安全信息的引语，此后转到另一个信道上发送此类信息。为便于接收遇险呼叫和遇险通信，在 VHF CH16 频道上所有信息的发射时间应保持到最低程度，并不得超过 1min。简短的安全信息可以在此频道上播发，但是如果安全信息内容过长，可以在此频道上播发引语后，转到其他信道上播发。此外，在进行非遇险类呼叫之前，船舶电台和海岸电台应在 VHF CH16 上注意适当的守听，当确认没有其他电台正在此频道上进行遇险通信时，才可进行呼叫。

VHF CH70 信道是 VHF 波段的 DSC 遇险与安全呼叫和 DSC 常规呼叫频道，用于建立船到船、船到岸无线电话通信链路。当船舶遇险和遇有紧急情况时，可以在此信道上呼叫，收到此呼叫的船舶或者海岸电台，给予遇险收妥，然后转到 VHF CH16 信道上进行后续无线电话遇险或紧急通信。VHF CH70 除作为 VHF 波段的遇险与安全呼叫外，还可用作 VHF 波段的常规呼叫频道，船舶在此频道上呼叫另一船舶或岸陆上用户时，可预先约定好 VHF 无线电话通信频道，然后在约定的频道上进行无线电话通信。

中距离通信业务一般在 MF 波段上进行，通信距离 200n mile 左右。MF 2187.5kHz 用于 DSC 遇险与安全呼叫。MF 2182kHz 用于无线电话遇险与安全通信，船岸电台还可使用 2182kHz 作为中频常规通信的呼叫与回答的频率。MF 2174.5kHz 用于无线电传遇险与安全通信。

远距离通信业务一般在 HF 波段上进行，可实现远距离通信。在 Inmarsat 卫星覆盖区外，是船上唯一的远距离通信手段。ITU 在 4、6、8、12 和 16MHz 频段指配了 DSC 遇险与安全呼叫频率、无线电话和无线电传遇险与安全通信频率。另外，在高频段还规定了分别用于数字选择性呼叫、无线电话和无线电传日常通信的频率，具体频道信息可以查阅《无线电规则》或《无线电信号书》等资料。

第二章 窄带直接印字电报（NBDP）

第一节 NBDP 设备的作用和工作方式

一、NBDP 设备的作用

窄带直接印字电报（Narrow Band Direct Printing Telegraph，NBDP）设备是 GMDSS 地面系统中 MF/HF 通信设备的主要终端设备之一。它与船用单边带（Single Side Band，SSB）收发设备相连，构成无线电用户电传（Telex Over Radio，TOR）系统，可实现船岸间、船舶间、船台和经岸台延伸的电台或国际用户电传网用户间的自动电传业务，同时还可向某组船舶或所有船舶播发电传信息。此技术很好地克服了信号传播中的衰落现象，提高了通信的可靠性，同时实现了船舶与陆上用户的直接通信连接，符合GMDSS 系统的通信要求。

NBDP 作为 SSB 收发机的终端设备，其基本组成如图 2-1 所示。NBDP 终端设备包括调制解调器（MODEM）单元与外围设备两部分。

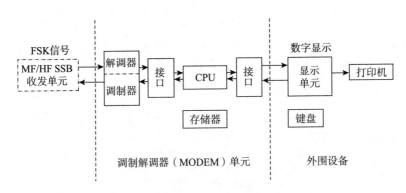

图 2-1　NBDP 终端设备的基本组成

调制解调器单元又称自动请求重复（Automatic Repetition Request，ARQ）单元，是整个终端设备的核心部分。它由 CPU 存储器、解调器、调制器和相关接口电路组成。CPU 主要完成编码作用，即通过编码转换达到外围设备与调制解调器对接的目的，以实现电传通信；调制器的作用是将 CPU 输出的编码信息转换成移频键控（FSK）信号，以获得数字调制信号，送 SSB 发射机进行相应处理；解调器的作用是将来自 SSB 接收机的 FSK 信号还原成相应的编码信息，以便经 CPU 转换输出。

外围设备包括显示单元（CRT）、键盘和打印机，它们构成了 MF/HF 通信设备电传通信的输入、输出部分。键盘和显示器一般由普通计算机担当，主要完成文件的编辑、存储等数据处理工作，并提供人机接口，通常称之为数据终端。打印机可将通信过程中的收发信息自动打印，也可按操作员的要求将编辑好的电文或存储在数据终端中的信息打印输出。

可以看出，NBDP 终端设备的功能就是实现数据终端数字信息与 FSK 基带信号之间的转换，它通过 SSB 收发设备构成 NBDP 通信系统。此外，ARQ 单元同时还对 SSB 收发设备进行控制，以实现电传通信的自动化。

二、NBDP 的工作方式

NBDP 通信有两种工作方式，即"自动请求重复（ARQ）"方式（或称 A 模式）和"前向纠错（FEC）"方式（或称 B 模式）。

1. ARQ 工作方式

ARQ 是 NBDP 通信中的一种重要的工作方式，它是在两个电台之间以 F1B 发射种类进行点对点的具有检纠错能力的通信。这种方式采用七单元恒比码进行检错、ARQ 纠错，可以大大提高接收信号的正确率。但 ARQ 通信方式要求通信双方的两个电台的收发信机同时工作，因此这种通信方式一般限于在两个电台之间使用，即船与船或船岸电台之间的通信使用。采用双向信道、半双工通信方式。

在 ARQ 通信过程中，规定有主台、副台、信息发射台和信息接收台。所谓主台（Master Station）是指开始建立无线电链路时发起呼叫的电台，而副台（Slave Station）是指被呼叫的电台。当通信链路建立后，当前正处在信息发射状态的台被称为信息发射台（Information Sending Station，ISS），而正处在信息接收状态的台被称为信息接收台（Information Recceiving Station，IRS）。需要强调的是，一旦主台和副台身份确定，则在整个通信过程中这种身份始终保持不变。而信息发射台和信息接收台却随时可以进行相互转换。

2. FEC 工作方式

FEC 是 NBDP 通信又一种常用形式。这种方式是将所需发送的每个电文信号按一定的时间间隔重复发送两次，接收端对两次信号比较，信号以规定七单元恒比码检错，如果在电文中出现有怀疑的字符，在接收打印时就会出现"＊"号或空段。当采用 FEC 方式通信时，接收电台不需要启动发信机，因此，FEC 方式通常用于一台向多台电台发送无线电传信息，如用来播发和接收遇险、紧急和海上安全信息等，亦可作一台对一台的通信。

对应于点对面的 FEC 通信方式称为集群性 FEC，也称 CFEC（Collective Foreward Error Correction）方式，属广播式 FEC。对应于点对点或点对几点的 FEC 方式称为选择性 FEC，也称 SFEC（Selective Forward Error Correction）。在 SFEC 方式中，接收电台发信机可不需启动发射，适用于一台对一台或一台对多台的选择性通信。例如，需将电报发送给指定的选择呼叫号码的适当船舶。另外，SFEC 方式对停靠在码头且禁止其使用发信机的船舶电台接收电报是一种较理想的发送方式。

第二节　NBDP 通信的一般规定和频率使用

一、NBDP 通信的一般规定

①船舶电台和海岸电台使用 NBDP 进行通信时，应在其指定频带内的成对工作频率或非成对工作频率上进行通信。岸台的工作频率由通信主管部门指配，船台则根据不同通信对象，选用与船岸电台相应的工作频率。

②建立两个电台之间的通信，应采用 ARQ 方式。

③一个岸台或船台向两个或两个以上的电台发送电文时，应采用 FEC 方式。

④我国船舶电台使用 NBDP 与陆上用户通信时，可按经转的国内、外岸台的有关规定办理。

二、NBDP 使用的频率

1. 415～535kHz 之间的频带

在该频带，配备有无线电传设备的所有船舶电台，应能够在进行无线电传业务的工作频率上接收 F1B 或 J2B 的发射种类。对符合 GMDSS 要求的船舶，能够在 518kHz 上接收 F1B 的发射。其中有两个专用频率：

（1）490kHz　在GMDSS完全实施后，490 kHz作为海岸电台的专用频率，利用NBDP为海上航行船舶发送气象警告、航行警告和其他紧急信息。在此频率上，除用英语外可用第二国语言发送上述信息。

（2）518 kHz　在海上移动业务的中频（MF）频带中，海岸电台利用NBDP在518 kHz上专门为船舶发送气象警告、航行警告和其他紧急信息，称为国际航警电传NAVTEX业务。

2. 1 605～4 000kHz之间的频带

在该频带，配备有无线电传设备的所有船舶电台，应能够在进行无线电传业务的工作频率上发送和接收F1B或J2B的发射种类。

其中，2 174.5 kHz是中频（MF）频带中的遇险与安全通信专用无线电传频率。在2 174.5 kHz上进行现场通信，应采用FEC的通信方式。

3. 4 000～27 500kHz之间的频带

在该频带，配备有无线电传设备的所有船舶电台，应能够在进行无线电传业务的工作频率上发送和接收F1B或J2B的发射种类。其中专用的频率为：

（1）4 209.5 kHz　在海上移动业务高频（HF）频带中，海岸电台利用NAVTEX的发送方式在此频率为船舶发送气象警告、航行警告和其他紧急信息。

（2）4 177.5 kHz、6 268 kHz、8 376.5 kHz、12 520 kHz和16 695 kHz在海上移动业务高频（HF）频带中，这些频率是遇险与安全通信专用的无线电传频率。

（3）4 210 kHz、6 314 kHz、8 416.5 kHz、12 579 kHz、16 806.5 kHz和22 376 kHz　在海上移动业务高频（HF）频带中，这些频率是海岸电台以NBDP的FEC方式发送海上安全信息专用的无线电传频率。

ITU指配给船岸间NBDP通信的频道（成对频率），有CH401～CH419（CH411除外）、CH601～CH634（CH611除外）、CH802～CH840、CH1201～CH12156（CH1287除外）、CH1601～CH16193（CH1624除外）、CH2201～CH22135和CH2501～CH2540。

需要说明的是，上述各ITU频道均为NBDP通信的指配频率。对计算机控制的船台收发机，当选择F1B方式时，直接输入上述收发频道或频率值即可。但对有些船台，为正确工作，需要将上述频率值减去1.7 kHz。具体情况应参考设备操作说明书。

第三节 NBDP 的通信业务、通信程序及应答程序

一、NBDP 的通信业务

1. NBDP 的业务种类

（1）国内公众船舶无线电传 国内船舶经本国岸台转接与本国陆上电传网络用户间进行的无线电传通信，均属国内公众船舶无线电传。

（2）国际公众船舶无线电传 国内船台与国外船岸台间、国外船台与本国岸台间、本国船台经本国岸台与国外用户间进行的无线电传通信，均属国际公众船舶无线电传。

2. 无线电传的通信功能

（1）常规无线电传通信功能 船舶电台与海岸电台间的无线电传方式的通信；船舶电台经海岸电台与公司用户间的无线电传通信、E-MAIL 通信等；船舶电台与船舶电台的无线电传通信；海岸电台广播式无线电传通信，如使用 FEC 方式播发通报表等。

（2）无线电传的遇险、紧急和安全通信功能 这里要特别提醒的是，无线电传只能用于遇险通信，不能用于遇险报警。

3. NBDP 的识别码

每一个装配了 NBDP 设备的船舶电台或海岸电台，都具有一个唯一的选择呼叫码（Selcall Number），在信息往来过程中起到识别身份的作用。

根据国际电信联盟《无线电规则》的相关规定，海岸电台的选择呼叫码是 4 位数字，船舶电台的选择呼叫码是 5 位数字。

ITU 分配给我国的选择呼叫号码有：

分配给海岸电台：为 2010～2039，如 2017 为我国广州海岸电台的选择呼叫号码；

分配给船舶电台：为 19700～20399，如 20101 为我国上海海运集团"安平 1 号"轮的选择呼叫号码。

具体可查阅 ITU 出版的《船舶电台表》《海岸电台表》或者查阅《无线电信号书》等资料。

GMDSS 实施后，有些国家的海岸电台又同时启用了九位数字的海上移动业务识别码（MMSI）作为 NBDP 通信中的电台识别码。例如，上海海岸电台同时兼容"2010"和"004122100"两个识别码通信时船舶电台可任选

其一。

4. NBDP 应答码

船舶电台操作员为确认其已连接到所要求的海岸电台、船舶电台或岸上的电传用户，通常需在电传线路接通时交换其应答码。

岸台、船台和陆地用户的 NBDP 应答码格式略有不同，见表 2-1。

表 2-1　不同电台 NBDP 应答码格式

电台类型	应答码组成
岸台	NBDP 识别码＋岸台呼号（名称缩写）＋国籍代码
船台	NBDP 识别码＋船台呼号（船名缩写）＋X（移动电台标志）
陆地用户	用户电传识别码＋公司识别（公司名称缩写）＋国籍代码

例如："20174 BRYC X"为浏河轮应答码；

"2010 XSG CN"为上海岸台应答码；

"33103 SMTCO CN"为上海海运集团公司的电传应答码。

二、NBDP 通信和应答程序

无论哪种 NBDP 电台之间的常规通信通常包括呼叫前准备、通信呼叫、发送报文和结束通信四个环节，其中呼叫前准备和通信呼叫是最重要的两个环节。

呼叫前应查阅相关资料，确定本次呼叫可选用的海岸电台、频率和 NBDP 识别码等信息；根据查阅的信息，设置收/发信机工作种类、频率和识别码等，调谐收发信机，做好呼叫准备；在 NBDP 终端上编辑并存储通信报文。

（一）ARQ 工作方式的通信程序

1. 船到岸的 ARQ 通信

在进行电传通信之前，船台应在预定的岸台接收频率上，使用 NBDP 设备和岸台的 MMSI 或四位选呼码呼叫岸台。岸台无线电设备收到船台呼叫后，便在相应的发射频率上自动地或在人工控制下回答。船到岸的 ARQ 通信程序如下：

①船舶电台呼叫海岸电台：输入岸台 MMSI 或四位选呼码，启动呼叫。

②建立通信，船台与岸台自动交换应答码。

③海岸电台发"GA＋?"。

④船台发送电传业务指令，如 DIRTLXxy＋，请求发送直通电传到陆上用户。

⑤海岸电台发 MOM，请船台稍等。

⑥如果陆上用户接通，船舶电台将收到陆上用户电传应答码和海岸电台发送的指令"MSG＋?"，请船台发送电文。

⑦船台调发已编辑好的电文或边输入边发送（在线方式）。

⑧电文发送完毕，船台发送"KKKK"，拆除陆上电传线路，保留与海岸电台之间的无线线路。

⑨船岸电台之间自动交换应答码。

⑩海岸电台发送电传计费时间等信息。

⑪海岸电台再次发送"GA＋?"指令。

⑫船台如果还有电文要发送，可以从第④步开始重复，如果没有，发送"BRK＋"，拆除船岸之间的无线线路，结束通信。

2. 岸到船的 ARQ 通信

岸到船的 NBDP 呼叫有两种方法：

①岸台首先通过 DSC 呼叫船台，并指明后续通信方式为 ARQ，以及随后的工作频率或频道。船台应答后，船岸双方各自转到工作频率或频道上进行 ARQ 通信。

②船台的 NBDP 终端对经常联系的岸台的电传信道扫描值守；或者船台主动将自己的值守安排通过"FREQ＋"指令通告岸台。于是岸台可使用 NBDP 设备在其规定的电传发射频率上以 ARQ 方式呼叫船台，船台检测到后将在值守频率的对应频率上进行应答，建立通信链路。

3. 船到船的 ARQ 通信

船到船的 ARQ 通信，与岸台呼叫船台类似，也是通过 DSC 进行的。被叫船应答后，双方均转到工作频率上即可以进行 ARQ 通信。

（二）FEC 工作方式的通信程序

1. CFEC 工作方式的通信

CFEC 方式通常用于遇险、紧急和安全通信，以及播发和接收通报表、通电和海上安全信息（MSI）等。发送方一般应先使用 DSC 进行报警或呼叫，并指明随后的通信方式是 FEC，接收方收到后将接收机调到相应的频率上准备接收。

CFEC 通信的发送程序如下：

①选择 CFEC 方式，设置发射频率，并启动呼叫。此时设备自动进行定相信号的发送，一般至少等 10s。

②调发事先编辑好的电文或边输入边发送（在线方式）。

③发送完电文拆线。

2. SFEC 工作方式的通信

SFEC 方式常用于向一组船只或某一指定的船只发送电文。发送前应事先约定或使用 DSC 设备进行呼叫，并指明随后的通信方式（FEC）和通信频率。接收方收到后将接收机调到指定频率上准备接收。发送方用 SFEC 发送信息的程序与 CFEC 基本相同，只是第①步应选择 SFEC 方式，并输入接收方的群呼 MMSI 码（或指定船舶的 MMSI），其他步骤相同。

FEC 信息的接收，只要求选择好接收机的工作方式（F1B/J2B 或 TLX），并设置好接收频率即可。对于接收定时播发的通报表、通电和海上安全信息，一般应提前 2min 开始接收。

第四节　通信电文的构成与应用

使用 NBDP 直接进入公众用户电报网（TELEX）传递的电报一般应使用用户电报的格式：

TO：收报人电传号或其他识别（航务挂号或电报局名）。

ATTN：收报人名址。

COPY：分抄的收报人名址（如有）。

FM：发报人名址或船舶名称/呼号/选呼号码。

DATE：发电报的年、月、日、时、分。

空一行

TXT：电文。

SIGN：署名。

空一行

NNNN 表示电报结束。

电传电文实例：

TO：33057 COSCO CN。

ATTN：MR. YAN。

FM：M/V DAQING452/BUSA/412049000。

DD：1230LT 20/06/2015。

PLS B ADVA TT M/V DAQING452 EX/ETA NANTONG AT 240630LT PLS ARRN PILOT COME ON BOARD FOR BERTHING。

B. RGDS/MASTER

NNNN

第五节　NBDP 设备的正确使用与日常维护

操作员在使用 NBDP 设备前，认真阅读随机所带的使用说明书，严格按照操作规程正确地使用和保养无线电通信导航设备。NBDP 设备的软盘不要与个人电脑的软盘混用，避免病毒入侵。

1. NBDP 终端的维护保养

主要包括如下几项工作：

①执行设备相应工作程序或进行自测，确认设备已完成存储本船识别码的初始工作；

②确认 NBDP 终端与 SSB 通信设备有效连接；

③与开放测试业务的岸台，采用 ARQ 模式，通过"TEST＋"指令进行电传测试，以判断设备是否处于正常的工作状态。

中高频电台除了天线维护以外，要做好日常面板和送收话器清洁工作，定期进行机内除尘处理，定期对波段转换关节等机械转动部位、线路插头等进行去氧化和清洁，并对各伺服电机适当加油润滑。经常检查设备接地线是否可靠，保持各遇险报警按钮标志醒目。

2. 船用中高频电台终端试验

船用中高频电台的三个终端至少要每周试验一次。试验可以通过呼叫某一合适岸台来进行。有的操作员可能习惯于使用设备的自检功能来检查设备的工作情况，这是不可靠的。在 PSC 检查中常常要求进行实际操作试验，来检查设备的工作性能和操作员的业务水平。设备的试验应在船电和应急电两种供电情况下分别进行，所有的试验都应做好详细记录。

在进行船用中高频电台终端试验时，应注意以下几项。

①不干扰其他电台已在进行中的无线电通信。

②看其是否空闲，然后再呼叫海岸电台。

③应选择最佳通信频率，即信号强、清晰度高的通信信道。

④要使用核定的频率、识别。不得自编无线电传识别码进行无线电传通信。

⑤在与海岸电台通信前，应先熟悉岸台的无线电传工作程序和能使用的无线电传指令，以便顺利地进行通信。

⑥两台通信选择 ARQ 方式，一台对多台通信选择 FEC 方式。

⑦ARQ 方式通信，在电文发送前后，应主动地互相交换应答码。

⑧通信完成，应尽快拆除无线信道的连接，以免占用岸台通信信道，阻碍其他用户与岸台通信。

⑨测试应减低发射功率进行，不要干扰海岸电台的正常通信。测试应做好记录，以备 PSC 检查。

第三章 数字选择性呼叫（DSC）

第一节 DSC 的作用

数字选择性呼叫（Digital Selective Calling，DSC）终端与 NBDP 终端设备一样，也是 GMDSS 地面通信系统中的一个重要终端设备。它与 MF/HF/VHF 设备相连，主要用于正式通信前的沟通。

按照 GMDSS 的要求，船舶一旦遇险，其报警方法可以通过海事卫星系统进行，但也可以通过地面频率通信系统进行报警。地面频率通信系统中使用 MF/HF/VHF 设备进行报警的终端设备就是数字选择性呼叫终端。因此，数字选呼和相应频段的收发设备可靠的工作，将完全取代 500kHz 和 2182kHz 的船对船报警功能，从而建立新的船对岸远程报警系统，包括遇险报警、遇险转发和遇险确认功能。同时，使用数字选呼设备和相应频段上的收发设备，将根本改变现有的船岸之间的无线电联系程序和方法，并建立新的船舶无线电联络的值班制度和通信程序。

另外，在 GMDSS 对设备的要求中，不管航行在哪个海区都要配备数字选呼设备。它实际上是一个数字式终端机。DSC 无论对 MF/HF 收发信机还是 VHF 而言，它可以是一个独立的设备。当然也可以装在 MF/HF/VHF 机内。但作为一个终端它必须与收发信机结合才能发挥作用。同时，就这一终端与其他终端之间的关系而言，它又是一个为其他终端服务的终端。因为，它只是起到沟通联络、值班守听和呼叫的作用。最后进行通信联络的还是窄带直接印字电报（NBDP）或单边带无线电话（SSB）。

MF/HF DSC 终端设备分 A、B、C 三种类型。A 类设备，其功能比较完备，满足 GMDSS 对 DSC 终端技术和操作的全部要求；B 类设备，是简易型，具有完备的遇险通信功能（包括报警、转发和确认）和单台选择性呼叫功能；C 类设备，实际上是 VHF 通信设备的一个终端，只能工作在 VHF

CH70 上，并专用于收发遇险报警，无遇险转发和确认功能。

第二节　DSC 呼叫序列的组成及各部分作用

DSC 呼叫序列格式一般有如下内容：

点阵	定相序列	呼叫类型	地址	优先等级	自识别码	电文	序列结束	校验

上表内容说明如下：

1. 点阵（Dot Pattern）

由 0 和 1 交替组成的序列。它的作用是作为呼叫序列的起始标志，作为扫描接收机对 DSC 呼叫的识别。当扫描接收机在某频率上检测出该 0 和 1 组成的序列时，就停止扫描，并在该频率上进行信息接收；作为整个序列的起始码位同步。点阵信号在呼叫时，自动加入到呼叫序列中。不同的呼叫序列，加入的点信号的持续时间不同。

2. 定相序列（Phasing Sequence）

正确地区分后面各个时间段，获得正确的帧同步（字节同步），减少码位不同步造成的同步损失。定相序列信号在呼叫时，自动加入到呼叫序列中。

3. 呼叫类型（又称格式符，Format Specifier）

表示要进行何种形式的呼叫，此项内容在呼叫前可人工进行选择。其呼叫类型包括：

（1）**单台呼叫**　呼叫某一电台，其英文识别为"INDIVIDUAL"或"SELECTIVE"。

（2）**群呼**　呼叫某一船队，其英文识别为"GROUP CALL"。

（3）**海区呼叫**　呼叫某一特定海区的船舶，其英文识别为"GEO-GRAPHICAL AREA CALL"或"AREA CALL"。

（4）**所有船呼叫**　对所有的船舶进行呼叫，其英文识别为"ALL SHIP CALL"。

（5）**遇险呼叫**　对所有船舶进行遇险呼叫，其英文识别为"DISTRESS CALL"。

（6）**直拨电话呼叫**　利用 DSC 建立无线电话通信链路，其英文识别用

"AT/SA SERVICE CALL"或者"DIRECT DIAL"。

4. 地址（Address）

被呼叫的对象，由十位数组成。

（1）**遇险呼叫和对所有船的呼叫**　不包含地址这一项，因为在这类呼叫中呼叫类型已经说明了是对所有船岸电台的呼叫。

（2）**单台呼叫**　被呼叫电台的识别码（MMSI）末位加"0"。

（3）**群呼**　前四位为0MID后五位为公司代码，末位加"0"。

（4）**岸台呼叫**　对岸台进行呼叫，为00MID后四位为岸台识别码，末位加"0"。

（5）**海呼**　地址被规定在墨卡托投影上的一个矩形区域。

5. 优先等级（Category）

优先级别依此划分为"DISTRESS"（遇险）、"URGENCY"（紧急）、"SAFETY"（安全）、"SHIP'S BUSINESS"（船舶业务）和"ROUTINE"（普通）共5类，遇险类呼叫级别最高。

6. 自识别码（Self-Identification）

本机的识别码，是一个9位十进制数的识别，呼叫时自动加入到呼叫序列中。

7. 电文（Message）

对不同类型的呼叫，电文的组成方式不同。

（1）**遇险呼叫电文**　包括四个内容。

电文①表示遇险性质：

Unspecified　不确定

Explosion/fire　爆炸

Flooding　浸水

Collision　碰撞

Grounding　搁浅

Listing　倾斜

Sinking　沉船

Disabled & adrift　失控、漂流

Abandoning ship　弃船

Req. Assistance　请求援助

Piracy　海盗

电文②表示船舶遇险时的地理位置。

电文③表示遇险时间。

电文④表示遇险船舶要求的遇险通信使用的通信方式。

（2）**遇险确认、遇险转播和遇险转播确认的电文**　由①～④部分组成。但具体的功能代码与遇险呼叫不同。

（3）**常规呼叫**　电文包括三个内容：

电文①主要约定后续通信方式等，也称为第一遥指令（TELECOM-MAND1）。

电文②一般是对第一遥指令的补充，也称为第二遥指令（TELECOM-MAND2）。

电文③约定后续通信频率或频道，也称为后续工作频率（WORK T/R）。

（4）**船位呼叫与应答序列的电文**　包括三个内容：

电文①用于注明本序列是船位呼叫或应答。

电文②对于船位呼叫，电文②无信息，用 6 个"126"功能代码来编码。而对于船位呼叫应答序列，电文②是按墨卡托坐标法给出的 10 位船位数据。

电文③船位呼叫序列没有电文③，船位应答序列的电文③用以给出船位的 UTC 时间。

（5）**船舶查询呼叫与应答序列的电文**　包括两个内容。

电文①是通信指令，表明本序列是"查询"。

电文②无信息，用 6 个"126"功能代码来编码。

8. 序列结束符（EOS：End of Sequence）

表示该呼叫序列的结束，有三种情况：

（1）END　表示序列结束后不需要对方回以应答序列。

（2）ACK RQ　表示一个呼叫序列的结束，并标明要求对方自动或者人工发回一个 DSC 收妥确认通知。

（3）ACK BQ　表示一个呼叫序列的结束，同时也带有"本序列是一个收妥承认（回执）"的意思。

9. 差错校验符（Error Check Character，ECC）

这项是呼叫序列的最后一个内容，无需人工输入。它是用来自动检验全部程序在发射过程中经过十比特编码检验和时间分集技术处理后，是否仍有未检验出来的错误。

第三节　DSC 呼叫使用频率的使用规定

（一）遇险和安全呼叫使用频率

中频：2187.5kHz。

高频：4207.5kHz、6312kHz、8414.5kHz、12577kHz 和 16804.5kHz。

甚高频：156.525MHz（70 频道）。

（二）国际上可指配给船舶电台和海岸电台用于遇险安全呼叫以外的 DSC 呼叫频率

国际 DSC 日常呼叫频率详见表 3-1。

表 3-1　国际 DSC 日常呼叫频率（kHz）

频带	船台发送频率	海岸台发送频率
MF I	458.5	455.5
MF II	2177**	2177**
	2189.5	
HF 4 MHz	4208*	4219.5*
	4208.2	4220
	4209	4220.5
HF 6 MHz	6312.5*	6331*
	6313	6331.5
	6313.5	6332
HF 8 MHz	8415*	8436.5*
	8415.5	8437
	8415	8437.5
HF 12 MHz	12577.5*	12657*
	12578	12657.5
	12578.5	12658
HF 16 MHz	16805*	16903*
	16805.5	16903.5
	16806	16904
HF 18 MHz	18898.5*	19703.5*
	18899	19704
	18899.5	19704.5

（续）

频带	船台发送频率	海岸台发送频率
	22374.5*	22444*
HF 22 MHz	22375	22444.5
	22375.5	22445
	25208.5*	26121*
HF 25 MHz	25209	26121.5
	25209.5	26122
VHF	156.525 MHz	156.525 MHz

注：* 这些频率是 DSC 呼叫的首选国际 DSC 频率。

　　** 2177kHz 可用于船舶之间选呼。

（三）供国家性日常呼叫频率

为了减少国际性呼叫频率的干扰，船岸电台呼叫应尽可能使用被呼岸台值守的国家性数字选呼频率。凡开放 DSC 的岸台均应在这些频带内开放国家性 DSC 频率：415～526.5kHz（一区和三区）、415～525kHz（二区）、1606.5～4000kHz（一区和三区）、1605～4000kHz（二区）、4000～27000kHz（一区和三区）、156～174MHz（VHF 频带）。

（四）发射种类

在海上移动业务中，配备有 DSC 设备的船舶应遵守国际上的有关规定：

凡在 415～526.5kHz 频带配备有 DSC 设备的船舶，发送 DSC 的呼叫和确认所使用的发射种类应该是 F1B 或 J2B。

凡在 1605～4000kHz 频带配备有 DSC 设备并在此频带中的船舶，应能在 2187.5kHz 上发送和接收 F1B 或 J2B 的发射种类，以及其他频率上发送和接收 F1B 或 J2B 的发射种类。

凡在 4000～27000kHz 频带配备有 DSC 设备并在此频带中的船舶，应能够发送和接收 F1B 或 J2B 的发射种类。

凡在 156～174MHz 频带配备有 DSC 设备的船舶，应能够在 VHF 的 70 频道上发送和接收 G2B 的发射种类。

第四节　DSC 呼叫程序与应答

一、一般规定

①呼叫的内容应包括表示被呼叫的一个或几个电台的信息和呼叫电台的

识别。还应包括表示建立通信方式的信息。在海岸电台的呼叫格式中应包括这些信息，这些信息应予优先考虑。

②呼叫只能在合适的单一呼叫频率或频道上发送一次。只有在特殊情况下，呼叫才可用一个以上频率同时发送。

③呼叫船舶电台时，无论在何种情况下，海岸电台只要在45s间隔期间内没有收到确认，可以在同一呼叫频率上将呼叫序列重发一次。两次呼叫之间至少相隔45s。

④在国内指配频率上呼叫时，海岸电台可在同一频率上发送多达五次呼叫的尝试。

⑤如果被呼电台没有给予收妥确认，至少相隔5min后（在自动的VHF或UHF系统中为5s），该呼叫可在同一或另一呼叫频率上重新发送，然后通常在相隔15min之内应不再重复。

⑥船舶电台向海岸电台进行呼叫时，应优先使用海岸电台的国内指配呼叫频道，只有在海岸电台的国内DSC频率上呼叫无效时，才可在海岸电台开放的国际DSC频率上呼叫。

二、DSC 日常呼叫程序与应答

在实际通信过程中，用于向海岸电台或另一船舶电台发送通信的DSC呼叫方法如下：

①将发信机调谐到适当的DSC频道上。

②在DSC控制器上选择出呼叫指定电台的格式，即选择呼叫类型（单呼、群呼、海呼等）。

③根据设备说明书，在键盘上输入：

——被呼电台的九位MMSI码。

——呼叫优先级，一般应选为"日常"（ROUTINE）等级。

——随后的通信方式，通常应选无线电话（RT）。

——如果是呼叫另一船舶电台，应输入准备使用的工作频率；如果是呼叫海岸电台，准备使用的工作频率信息一般不应包括在发给海岸电台的DSC呼叫中，因为海岸电台将在其DSC承认收妥中指明一个空闲的工作频道。

④发送DSC呼叫：接收到DSC呼叫的电台，应使用DSC技术发送一适当的收妥承认来回答DSC呼叫；DSC收妥承认可以采用人工方式或自动方

式发送。当发送 DSC 呼叫的电台在接收到该 DSC 收妥承认时，其 DSC 设备就会立即停止发送呼叫信号。

通常，接收台应在接收到 DSC 呼叫的成对频率上发送收妥承认。如果是在不同的几个频率上接收到同一 DSC 呼叫，接收电台应选择出一个最佳的频率来发送收妥承认。

三、DSC 遇险报警的发送程序

发送 DSC 遇险报警时，应按下列发送程序进行：

①将发信机调谐到 DSC 遇险报警发送的频率，如 MF 为 2187.5kHz、VHF 为 156.525MHz。

②如果时间允许，在 DSC 控制器上选择遇险报警呼叫类型。

③根据设备操作说明书，输入：

a. 选择遇险性质；

b. 最新的船舶经纬度（某些船舶由无线电导航设备连续修正船位）；

c. 船位的有效时间（UTC）；

d. 随后的通信方式，一般为无线电话（RT）。

④发送 DSC 遇险报警。

⑤当接收到 DSC 遇险报警的收妥承认时，应将收发信机调谐到同一频带中的无线电话的遇险频率上，如 MF 的 2182kHz 或 VHF 的 156.80MHz。

在 HF 上发送 DSC 遇险报警，8MFz 中的遇险频率 8414.5kHz 可作为首选的高频 DSC 遇险报警频率。遇险报警可以使用单频呼叫尝试发送，也可以使用多频呼叫尝试发送。

DSC 遇险报警将每 4min 发送一次，直到其他电台收妥承认 DSC 遇险报警为止，或者由发射台人工地关断发信机电源。

四、DSC 遇险报警的收妥承认

1. 海岸电台收妥承认 DSC 遇险报警

通常，当海岸电台接收到 DSC 遇险报警呼叫时，该海岸电台将给遇险船舶发送遇险报警的收妥承认，这表明海岸电台同时也将 DSC 遇险报警通知有关的搜救（SAR）当局。

在 VHF 的 70 频道上，应尽快发送 DSC 遇险报警的收妥承认。在 MF

和 HF 上，应在最少延迟 1min 后，才可以发射 DSC 遇险报警的收妥承认，延迟时间最多为 2min45s。这个延迟时间是为了使遇险船舶由充分时间发完单频呼叫尝试或多频呼叫尝试，同时也使海岸电台做好准备以响应 DSC 遇险报警。在发完 DSC 遇险报警的收妥承认后，海岸电台应在无线电话或 NBDP 的适当频率上进行守听。

2. 船舶电台收妥承认 DSC 遇险报警

遇险船舶附近的其他船舶，当收到遇险船舶发送的 DSC 遇险报警时，应推迟发送 DSC 遇险报警的收妥承认，以便让附近的海岸电台有时间发送 DSC 遇险报警的承认。而且应在相应的无线电话频率上进行守听，并且应使用无线电话来发送 DSC 遇险报警的收妥承认。

如果用无线电话发送遇险报警收妥承认不成功时，可在合适的频率上使用 DSC 收妥承认 DSC 遇险报警。

当 DSC 遇险报警在连续不断地重复发送且没有其他任何电台收妥承认 DSC 遇险报警时，船舶电台应采用 DSC 收妥承认 DSC 遇险报警，以终止 DSC 遇险报警的呼叫。在船舶电台使用 DSC 收妥承认 DSC 遇险报警之后，船舶电台应该利用任何可用的通信手段将 DSC 遇险报警信息的详细内容尽快通知给海岸电台或陆地地球站（LES）。

发送 DSC 遇险报警应答确认程序如下：

①将发信机调谐到 DSC 遇险报警发送的频率。

②根据设备操作说明书，输入：

a. 遇险确认；

b. 遇险船舶的 MMSI；

c. 遇险性质；

d. 船舶经纬度；

e. 船位的有效时间（UTC）；

f. 随后的通信方式，一般为无线电话（RT）。

③发送 DSC 确认。

④将收发机调到 MF 2182kHz 或 VHF CH16，以便进行无线电话遇险通信。

五、遇险报警的转发程序和应答

在下列情况下，应进行 DSC 遇险报警的转发。

1. 海岸电台转发

有海岸电台向其他船舶电台转发到某个海区内发生遇险的 DSC 遇险报警。这是因为其他船舶电台可能没有接收到初始的 DSC 遇险报警；或者是由于遇险船舶可能在非标准遇险频率上发送初始的 DSC 遇险报警；或者是由于在标准的遇险频率上发送遇险报警，但没有使用 DSC。

2. 船舶电台转发

当船舶电台在 HF 上接收到 DSC 遇险报警可不给予收妥承认，但在 3min 内海岸电台没有给予 DSC 报警收妥承认，船台应转发该 DSC 遇险报警。

发送 DSC 遇险转发呼叫，应按下列发送程序进行：

①将发信机调谐到 DSC 遇险报警发送的频率。

②在 DSC 控制器上选择遇险转发呼叫格式。

③根据设备操作说明书，输入：

a. 遇险船舶的 MMSI（若知道）；

b. 选择遇险性质（若知道）；

c. 最新的船舶经纬度（若知道）；

d. 船位的有效时间（UTC）；

e. 随后的通信方式，一般为无线电话（RT）。

④发送 DSC 遇险转发呼叫。

DSC 遇险报警的转发可以使用单频呼叫尝试，也可以使用多频呼叫尝试。接收到遇险报警转发的船台，应在遇险与安全频率上使用无线电话收妥承认 DSC 遇险报警的转发。

第五节 DSC 设备的正确使用与日常维护

操作员在使用 DSC 设备前，应认真阅读随机所带的使用说明书，严格按照操作规程正确地使用和保养设备。操作人员在日常工作中需要经常对设备进行检查与测试，以确保：

①各部分处于正常状态；

②DSC 终端与通信设备有效连接；

③专用遇险按钮能够被清晰辨别，防止误操作装置工作有效；

④VHF70 信道上的 DSC 值班接收机工作状况良好；

⑤自识别码（MMSI）保存于设备之中；

⑥船位信息和定位时间数据有效、准确；

⑦中/高频 DSC 遇险频率值守机工作良好；

⑧通过测试呼叫（Test Call）业务，确认设备的接收、发送工作正常。

第四章 Inmarsat 系统

第一节 Inmarsat 系统基础知识

一、Inmarsat 系统的概况

国际海事卫星组织（International Maritime Satellite Organization，Inmarsat），成立于 1979 年，总部设在英国伦敦。主要负责国际海事卫星系统的运行和管理，为海上船舶用户终端提供遇险和安全通信以及日常通信服务。由于航空用户和陆地用户对 Inmarsat 的需求日益增加，Inmarsat 逐渐开拓针对航空用户和陆上用户的新业务。1994 年，国际海事卫星组织更名为国际移动卫星组织（International Mobile Satellite Organization），英文缩写仍然沿用 Inmarsat，也有用英文缩写 IMSO。1999 年，Inmarsat 由政府间组织转制为商业公司，即国际移动卫星通信公司。

Inmarsat 现已发展为世界上唯一能为海陆空各行业用户提供全球卫星移动公众通信和遇险安全通信的业务提供者，拥有全球性业务网络。原成员国转为投资者，各国政府指定一个企业实体作为该国的签字者参加这一组织日常业务的经营和管理。中国于 1979 年以创始成员国身份加入该组织，并指定交通部北京船舶通信导航公司作为中国的签字者，承担有关该组织的一切日常事务。

二、Inmarsat 通信终端

Inmarsat 有多种不同的移动通信终端，其中用于海事业务的移动通信终端有 Inmarsat-B、C（包括 Mini-C）、M（包括 Mini-M）、F77、F55、F33 和 E 终端；目前符合 GMDSS 设备配备要求的有 Inmarsat-B、C、和 F77，但 Inmarsat-B 终端的业务基本不使用。从船用卫星通信终端的发展时间表，可以了解卫星通信在海事通信中的应用情况。

1982 年启用 Inmarsat-A 终端。

1983 年启用 Inmarsat-C 终端。

1984 年启用 Inmarsat-M 终端。

1985 年启用 IInmarsat-B 终端。

1996 年启用 Inmarsat-Mm（Mini-M）终端。

1997 年启用 Inmarsat-E 终端。

1998 年启用 Inmarsat-F77 终端和 Mini-C 终端。

1999 年启用 Inmarsat-F55 和 F33 型终端。

目前，Inmarsat 卫星通信在我国各行业应用广泛，尤其在交通运输、野外探险、科学考察等领域提供了现代化通信保障，对海上安全航行、遇险搜救工作起到了不可替代的作用。

Inmarsat 第四代卫星的发射，主要任务是支持 Inmarsat-F77。Inmarsat 在 2005 年推出的全新的 FBB（Fleet Broadband 海上卫星宽带）业务服务。该服务提供速度达到 432kbit/s，具有全球无缝隙的宽带网络接入、移动实时视频直播，包括可选视频、视频会议、传真、电子邮件、电话和局域网接入。第四代卫星的 FBB 服务还将兼容第三代（3G）手机系统，将全面解决陆地移动通信网络覆盖不足，而数据和视频通信需求又无处不在的矛盾。Inmarsat 支持的通信服务在海事的应用上包括遇险报警、直拨电话、电传、传真、电子邮件、数据传输、船队管理、船队安全网和无线电紧急示位标。航空应用包括驾驶舱话音、数据、自动位置与状态报告和旅客直拨电话；陆地应用包括微型卫星电话、传真、数据和运输上的双向数据通信、位置报告、电子邮件和车队管理等。Inmarsat 还为海事遇险救助和陆地较大自然灾害提供免费应急通信服务。

三、Inmarsat 卫星工作情况

随着卫星通信技术的发展，Inmarsat 提供的服务业务越来越广泛。至今 Inmarsat 共提供九颗在轨卫星，覆盖范围南纬、北纬 70°以内，其中主用的是第三代共五颗卫星，分别位于 064E（印度洋）、015.5W（大西洋东区）、178E（太平洋）、054W（大西洋西区）、025E（西印度洋—辅助卫星）。Inmarsat 第三代卫星覆盖全球 98％的陆地及所有海洋，每颗卫星具有一个全球波束及 5 个宽点波束，已经可以满足 64kbit/s 准宽带数据业务和永久在线的需求。第四代卫星系统共有三颗卫星，第一颗目前在轨位置 064E（印度洋），第二颗位于 054W（大西洋西区），计划发射第三颗卫星作为备用。每

颗新卫星具有 1 个全球波束、19 个宽点波束、255 个窄点波束。第四代卫星不仅支持 FBB 宽带业务，还将继续支持目前工作在第三代卫星上的全部数字业务和 Inmarsat 区域性等带宽的 FBB 业务，以保持业务的连续性和平滑过渡。第四代卫星最大的特点和优势是融合了高低端多种业务模式，采用高效的频率复用技术，在 L 波段的有限带宽资源情况下，实现了容量和多样化的选择，满足不同用户的业务需求。新技术最大限度地节约了卫星资源、提高了有效功率，使得用户终端小型化、综合一体化，使通信质量和系统可用度得到了有效保证。

点波束工作模式，是指 Inmarsat 将卫星发射功率集中在一些航运密集、通信业务繁忙的地区，以便为这一地区提供更多的通信线路，并可进一步减小移动站的体积。

全球波束工作模式，是指 Inmarsat 卫星除了给航运密集的地区提供足够的能量、保证其正常通信外，也兼顾航运稀疏、过往船舶较少的地区，使得航行于世界任何地区的船舶能够利用 Inmarsat 进行通信。尤其是保证船舶一旦遇险时，能够经过 Inmarsat 发送遇险报警和进行遇险通信。

四、Inmarsat 卫星覆盖区

Inmarsat 卫星覆盖区见图 4-1 和图 4-2。

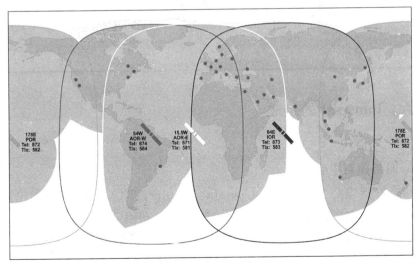

图 4-1　Inmarsat 第三代卫星覆盖图

1. 图中实线范围为全球波束范围　2. 阴影区为点波束范围　3. 小圈点为地面站

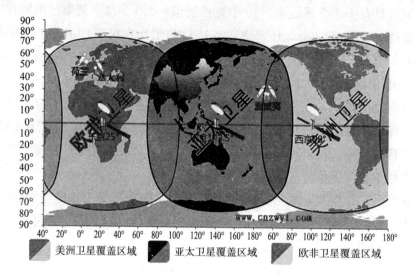

| 美洲卫星覆盖区域 | 亚太卫星覆盖区域 | 欧非卫星覆盖区域 |

图 4-2　Inmarsat 第四代卫星覆盖图

五、Inmarsat 洋区码

主要用于发往移动地球站通信时的目的地号码，如表 4-1 所示。

表 4-1　Inmarsat 的洋区码

洋区	AOR-E	AOR-W	POR	IOR
电传	581	584	582	583
电话、传真、数据		870		

六、Inmarsat 的组成

（一）空间段

1. 网络控制中心

网络控制中心（Network Operation Center，NOC）设在英国伦敦 Inmarsat 总部，主要作用是 Inmarsat 控制、监控和协调整个网络的运作。通过卫星链路和陆上网络与各洋区的网络协调站和陆地地球站保持联系，以此来协调各洋区网络协调站和陆地地球站的活动。

2. 卫星

Inmarsat 通信卫星在赤道上空约 35 876km，属于静止轨道卫星。四颗静止卫星将地球南北纬 70°之间的区域全部覆盖，四颗卫星分别是印度洋区（IOR）、太平洋区（POR）、大西洋东区（AOR-E）和大西洋西区（AOR-W）卫星，目前服役的是 Inmarsat-3 代卫星和 Inmarsat-4 代卫星，其中每颗主用卫星的旁边还有一颗备用卫星。每颗通信卫星提供全球波束和点波束，为地球表面的 Inmarsat 地面站及用户移动站提供了 Inmarsat 卫星覆盖区内无缝隙的卫星通信服务。

（二）地面部分

Inmarsat 通信地面部分由卫星控制中心、跟踪遥测指令站、网络协调站和卫星地面站组成。

1. 卫星控制中心

卫星控制中心（Satellite Control Center，SCC）设在伦敦 Inmarsat 总部，负责监视 Inmarsat 卫星的运行情况。卫星控制中心接收从全球各卫星跟踪遥测指令站（TT&C）发来的数据并对这些数据加以处理，来检查卫星的运行状况，通过测控站对 Inmarsat 卫星进行控制和管理。

2. 跟踪遥测指令站

跟踪遥测指令站（Telemetry，Track and Command，TT&C）跟踪遥测卫星，并把测得的数据送卫星控制中心处理。测控站还接收卫星控制中心发来的分析结果，以此为依据向卫星发指令，对卫星进行控制。全球设立了四个跟踪遥测指令站，在必要时可以替代卫星控制中心控制卫星。

3. 网络协调站

在 Inmarsat 系统，每个洋区设立一个网络协调站（Network Coordinating Station，NCS），负责对本洋区陆地地球站的通信协调、管理和监控。NCS 之间的相互通信由 Inmarsat 网络控制中心控制，通常由洋区内的一个陆地地球站兼任。

4. 陆地地球站

陆地地球站（Land Earth Station，LES）简称地面站，是陆地网络和移动终端的网关（接口）。目前每一个卫星覆盖区可建立若干个地面站。

陆地地球站的基本作用是经卫星和移动站进行通信，并为移动站提供国内或国际网络通信的一个接口。移动站与陆地用户之间的所有通信必须通过地面站来转接，即使各移动站之间的通信也必须通过地面站来转接。每个 LES 只能与自己在同一洋区的 Inmarsat 卫星通信。

通常，每个 LES 位于多个海区的覆盖范围之内，因此能够为多个海区提供服务。

例如，北京地面站识别码如表 4-2 所示。

表 4-2　北京各类型地面站识别码

类型/洋区	太平洋	印度洋	大西洋东	大西洋西
Inmarsat-B，M，mini-M，F	868	868	868	868
Inmarsat-C	211	311		

5. 移动地球站

移动地球站（Mobile Earth Station，MES）简称移动站，是 Inmarsat 的最终用户，可以分为船用、陆用和航空用移动站，Inmarsat 的主要服务对象是船用终端。卫星通信终端提供话音、传真、数据通信业务。目前使用的移动通信终端有 C、Mini-C、M、Mini-M、F77、F55 和 F33 等移动站，不同的移动站提供的通信业务各不相同。

七、Inmarsat 通信的优先等级

Inmarsat　通信的优先等级分为四个等级：

Priority 0—Routine　日常通信等级，有些设备使用"R"或"ROU"。

Priority 1—Safety　安全通信等级，有些设备使用"S"或"SAF"。

Priority 2—Urgency　紧急通信等级，有些设备使用"U"或"URG"。

Priority 3—Distress　遇险通信等级，有些设备使用"D"或"DIST"。

八、Inmarsat 电话的两位业务代码

Inmarsat 电话的业务代码详见表 4-3。

表 4-3　Inmarsat 电话业务代码及说明

代码	业务	说　明
00	自动	用于国际电话、传真和数据通信的自动连接，一般用于国家码之前
11	国际话务员	可以与国际话务员联系，并可获得相关信息
12	国际咨询	获得 LES 所在国以外国家的用户信息
13	国内话务员	在 LES 操作员帮助下连接到 LES 所在国的电话用户

（续）

代码	业务	说 明
14	国内咨询	获得 LES 所在国的用户信息
31	海事查询	用于特殊的查询，如船位或授权等
32	医疗指导	利用此代码，船舶可以获得医疗指导，某些 LES 会将电话直接连接到当地医院
33	技术援助	当船舶卫星通信设备出现问题时，利用此业务码可以获得 LES 的技术支持
36	信用卡付费	利用此代码，可以使用信用卡付费
38	医疗援助	当船舶有船员、旅客生病或受伤时，需要将伤病员送到岸上急救或需要医生登船治疗时，可用此代码
39	海事援助	船舶需要海事援助时使用，如需要拖带或发生污染时
41	气象观测报	船舶利用此代码发送免费的气象观测报给气象部门
42	航行警告	船舶用此代码发送航行警告信息给陆上相关部门
43	船位报告	向指定机构发送船位报告
91	在线测试	当船站配有调制解调器或数据终端时，利用此代码可以测试电平和音调

第二节　Inmarsat 系统的业务及使用的波段

一、Inmarsat 系统业务

1. 遇险报警

Inmarsat 系统中的移动站具有船对岸遇险报警功能，并且系统能确保遇险报警优先发送。这主要表现在：

（1）发出遇险报警信号　Inmarsat-C、F77 移动站都有一个专用的遇险报警按钮。在紧急情况下，只需按下该报警按钮即可发出船对岸的遇险报警信号，另外各移动站都具有遇险优先通信的功能，有些移动站还具有遇险电文产生功能，只需进行简单的操作，即可完成遇险电文的编辑，按发射键，即可向地面站发送遇险电文。

（2）系统优先处理遇险报警信息　在 GMDSS 中，每个地面站均有专线与一个临近的 RCC 相连，以确保遇险报警人工或自动直接转接至相关的

RCC。当船舶遇险时，如果使用 Inmarsat 移动终端报警，即使没有选择地面站或由于种种原因地面站没有对移动终端的遇险报警做出响应，则该遇险报警将被船舶所在洋区的网络协调站（NCS）接收，并转给与该 NCS 相连的 RCC。遇险报警信息处于最高优先等级，一旦没有通信线路时，系统会切断低一等级的通信，把空出的线路用于遇险通信，并且这种优先等级处理不仅适用于船到岸，而且也适用于地面站到 RCC。

地面站或相连的 RCC 收到船舶发来的遇险报警后，认为必要时将通过地面站向遇险船附近的船舶转发遇险报警，即实现岸到船的报警。这种岸到船的报警可采用全呼、群呼、单呼、区域呼或 EGC 方式进行。

2. 协调通信功能

如果在救助船上装有 Inmarsat-C、F77 移动站，则在搜救过程中 RCC 与救助船可通过移动站进行搜救协调通信，有效地进行搜救工作。

为确保遇险通信的顺利进行，需要 RCC 与地面站以及 RCC 之间有畅通的通信链路。在公众通信网或专网不发达的国家或地区，可以在 RCC 设立陆用移动站，依靠移动站到地面站再到移动站的通信方式，保证搜救协调通信畅通无阻。

3. 海上安全信息的播发与接收

利用 EGC 功能，能实现岸到船的海上安全信息（MSI）的播发与接收。

4. 常规通信功能

Inmarsat-C、F77 等移动站不仅能够保证遇险通信，而且能够提供全天候、可靠和高效的常规通信，即能提供传统的电传、电话通信业务，也能提供满足现代通信要求的传真、高速数据传输等业务。

二、Inmarsat 系统使用的波段

Inmarsat 系统业务由固定卫星业务和水上移动卫星业务组成，地面站和卫星之间的业务属固定卫星业务，采用 C 波段的工作频率；移动站和卫星之间的业务属于水上移动卫星业务，采用 L 波段的工作频率。从地面站到卫星的线路称为上行线路，采用 6 GHz 频段；从卫星到地面站的线路称为下行线路，采用 4GHz 频段的工作频率。从移动站到卫星的线路称为上行线路，采用 1.6GHz 频段的工作频率；从卫星到移动站的线路称为下行线路，采用 1.5GHz 频段的工作频率，如图 4-3 所示。

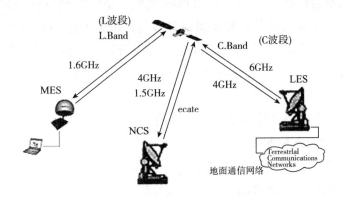

图 4-3　Inmarsat 系统使用的波段

第三节　Inmarsat-F 系统

一、Inmarsat-F 系统概述

2002 年 Inmarsat 为了满足船舶对 Internet 和高速数据通信的需求，推出了继 Inmarsat-A、C、B、M 业务后技术更新、业务更全面的新业务。Inmarsat-F 系列包括 F77、F55、F33，以满足不同用户的需求，F 后面的数字代表天线直径的大致尺寸，如 F77 是天线直径约为 77cm。在系列产品中，只有 F77 船站具有遇险报警功能，完全满足 GMDSS 的要求。Inmarsat-F 设备见图 4-4。

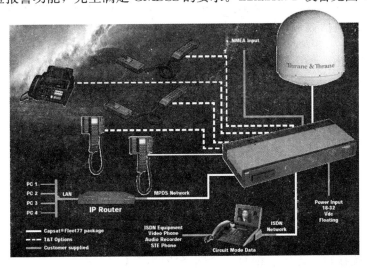

图 4-4　Inmarsat-F77 设备

F77 设备通信接口丰富，符合国际规范。系统为全球区域网络提供服务，可进行普通语音通信、高质量语音通信、高速传真（G4 类传真）、高速数据传输和提供 ISDN 与 MPDS 业务，实现与陆上通信网络互连互通。Inmarsat - F77 是一种增强型的海用全球区域网络，使用增强型新一代信令系统，确保兼容 Inmarsat 第四代卫星。

Inmarsat-F77 特点十分突出，主要有：

1. 优先权抢占控制

优先权抢占是指信道拥挤的情况下，Inmarsat 系统高一级比低一级优先等级通信有信道优先使用权的原则实施信道分配和使用。F 系统增加了网络协调站的优先控制功能，并对船站和岸站的控制功能也进行了相应的调整，以实现船站和岸站之间两个方向、四个级别的分层优先权抢占功能。分层优先权抢占功能是指常规的语音通信优于数据通信；语音业务通信中，遇险通信优于紧急通信，紧急通信优于安全通信，安全通信优于常规通信；相同通信等级情况下，船站发起的呼叫优于岸站发起的呼叫。保证高等级的通信具有优先权。

2. 船站可以工作在全球波束和点波束

Inmarsat-F 系统利用第四代卫星点波束多的特点，使用全球波束和点波束，提高了卫星频谱的利用率，同时也保证了遇险通信的可靠性。

3. 船站和岸站的 EIRP 可调

有效全向辐射功率（Effective Isotropic Radiated Power，EIRP）是衡量卫星终端发射能力的重要指标。船站和岸站的 EIRP 可调，可以用最小功率达到最佳的通信效果，减少干扰。

二、Inmarsat-F 系统的组成

（一）系统的组成

Inmarsat-F 系统同 Inmarsat 其他系统一样，由 Inmarsat 静止轨道卫星、网络控制中心（NOC）、NCS、LES 和 MES 组成。F 系统利用 Inmarsat 静止卫星全球覆盖范围的四个洋区，每个区域构成一个单独的网络。F 系统在 Inmarsat 卫星的全球波束覆盖范围内运行，可以充分利用覆盖范围内的点波束增强功率。

1. 网络协调站

F 系统在每一洋区，都有一个网络协调站（NCS）。

在 F 系统中四个洋区的网络协调站（NCS）：AOR-E 和 AOR-W 是英国

的 Goonhilly，POR 和 IOR 是日本的 Yamaguchi。

2. 陆地地球站

Inmarsat-F 系统中四个洋区的 LES 识别码见表 4-4。

表 4-4　Inmarsat-F 系统 LES 识别码

陆地地球站	国　家	卫星覆盖区域 LES 编码			
		AOR-E	AOR-W	IOR	POR
	France（法国）	011	011	011	011
Vizada	Norway（挪威）	004	004	004	004
	USA（美国）	001	001	001	001
KDDI	Japan（日本）	003	003	003	003
Korea Telecom	Korea，South（韩国）	006	006	006	006
MCN	China（中国）	868	868	868	868
OTESAT	Greece（希腊）	005	005	005	005
Singapore Telecom	Singapore（新加坡）	210	210	210	210
	Australia（澳大利亚）			022	022
Stratos Mobile Network	USA（美国）	013			013
	Netherlands（荷兰）	012	012	012	
Telecom Italia	Italy 意大利	555	555	555	
Telecom Malaysia	Malaysia（马来西亚）	060	060	060	060
VSNL	India 印度			306	

3. 船站

Inmarsat 船站有三种类型，F77、F55 和 F33。

（二）Inmarsat-F 系统业务介绍

Inmarsat-F 系统为船站提供的通信业务主要有：

1. F33 系列业务

①电话 4.8kbps，全球波束；

②传真 9.6kbps，全球波束；

③数据 9.6kbps；

④数据包交换业务（MPDS）。

2. F55 系列业务

①电话 4.8kbps；

②传真 2.4/9.6/64kbps；

③数据包交换业务（MPDS）；

④综合业务数字网（ISDN）。

3. F77 系列业务

①电话 4.8kbps，全球波束；

②传真 9.6kbps，全球波束；

③数据包交换业务（MPDS）；

④标准 ISDN 数据 56kbps；

⑤低速数据业务 2.4kbps；

⑥高速数据业务 56/64kbps；

⑦3.1kHz 高质量语音（64kbps）；

⑧丽音电话（64kbps）；

⑨遇险和安全通信。

4. Inmarsat-F 系统相关业务

（1）**移动包数据交换业务**　移动包数据交换业务（Mobile packet data service，MPDS）采用分组交换方式为用户提供永远在线服务，其计费不是按连接时间来计算，而是根据船站通过卫星发送和接收的信息量来结算。因此，用户可以从容地浏览所需要的信息，无论浏览屏幕上的内容需要多长时间，也不会增加用户的费用。

（2）**综合业务数据网**　综合业务数据网（Integrated Services Digital Network，ISDN）俗称"宽带接入"。从 20 世纪 90 年代开始已在全球陆上通信网广泛使用，它能够提供端口到端口的数字连接，支持电话、传真和数据传输等多种电信业务，有多个标准化信道，用户可以通过一组有限标准的、多用途用户网络接口接入网内。

移动 ISDN 采用计时收费，主要用于大信息量和图像等信息的传输，充分利用 ISDN 速度高、成本低的优势，满足海上航行船舶的数据通信需求。ISDN 呼叫一般只需 5s 左右就可以连接到陆上通信网络，移动 ISDN 使船舶用户能够和陆地上的 ISDN 连网，能够将他们的船用通信环境变革为"移动办公室"。

比较 ISDN 和 MPDS 两种业务可见，ISDN 在移动设备和卫星之间需使用专用线路或信道，ISDN 业务适用于传输数据量大的文件或是对传输速率要求较高的重要文件，特别有利于图像和电视会议等大信息量的传输。而MPDS 业务允许同一卫星点波束覆盖的移动用户共享其中的可用带宽，而且随着用户连接的增加，他们还可以共享可用信道，但缺点是用户的可用带宽和速度会降低。因此，MPDS 业务更适用于交互性的信息传输，如发送 Email、浏览网页或访问互联网等。

ISDN 和 MPDS 两种业务的信道占用方式不同，ISDN 采用电路交换，信道专用，信息传输的速率为 64kbit/s；MPDS 采用分组交换，信道共享，虽然 MPDS 业务的信息传输速率也是 64kbit/s，但是，由于信道共享，所以实际传输的速率和某个时刻信道上的使用用户数量有关，使用用户多，速率就会下降，一般不足 20kbit/s，因此上网速度较慢。

5. Inmarsat-F 系统的应用

Inmarsat-F 系统终端专用于满足航海用户的需求，因为他们需要收发大量的数据，如货物和集装箱运输、石油和天然气生产与运输、海军通信、渔业服务、客轮和油轮等。其主要应用如下：

（1）导航 用于定位、海图的修正、航线规划和航线优化等。

（2）天气预报 可以接收详细的天气预报，包括海平面温度、海浪、风速和风向、浮冰、潮汐等。

（3）船到船通信 利用 F 站进行船到船通信，一般可通过 4.8kbit/s AMBE 语音服务和拨号呼叫来实现。

（4）船舶管理以及 LAN 的接入 船舶局域网（LAN）运营商日益要求与其他 LAN 的连接，可以使用 TCP/IP 协议，通过 F 站与不同的网络进行连接。

（5）船员私人电话 船舶所有者和管理人员已意识到，为船员提供便捷的语音服务可以使他们在工作中更加轻松、安全和高效。F 站可方便地提供长途电话，船员通过付费或电话卡可与亲友通话。

（6）G4 传真 G4 传真机专用于 ISDN 业务，能够提供更快的传输速度、更高的传输质量和更好的传输可靠性。G4 的主要优势是具有高速数字网络的传输量，传送一张 A4 纸的信息只需要 6s，而 G3 传真需要 45s 以上。

（7）电子邮件收发 船舶对外的电子邮件通过 Inmarsat-F 终端发送到陆上用户，既方便又不受时差的限制。但为了实现最经济的海事电子邮件服务，需要安装有电子邮件客户服务软件和岸上电子邮件或互联网的计算机终端，还要求有正确配置的拨号网络连接、电子邮件压缩软件，并确保为卫星网络优化设置的邮件客户机或服务器。

除上述功能以外，F 系统还可实现其他更多的功能和应用，包括：船舶遥测、差分全球定位系统（Difference Global Positioning System，DGPS）

校正、语音和数据复用、电视会议以及远程参与、远程医疗、远程教育等。Inmarsat-F 系统的所有这些业务及功能，可以构成一个船海用全球区域网络，能满足海事通信业务高速、经济和安全的发展要求。

三、Inmarsat-F 系统通信程序

1. Inmarsat-F 系统遇险通信程序

①打开"遇险报警"按钮保护盖，按下红色"遇险报警"按钮 5s，进入遇险报警状态。按下"遇险报警"按钮，仅仅是设置了遇险的优先等级，船站可以人工选择陆地地球站进行遇险报警。如 15s 内没有选择陆地地球站，船站会自动通过默认的陆地地球站连接到 RCC，进行遇险报警。如船站无线电操作人员误按"遇险报警"按钮 5s 以上，需在 15s 内终止遇险报警，超过 15s，应向 RCC 取消误报警。

②选择离自己最近的陆地地球站，因为每个陆地地球站都与一个陆上搜救中心相连接，选择了最近的陆地地球站等于选择了最近的 RCC。一般 F 船站都可在每个洋区设置一个默认的陆地地球站，可以直接通过默认的陆地地球站进行遇险通信。

③拿起电话机，如 RCC 连接成功，即可进行遇险通信。

④收到 RCC 的收妥确认，通话完毕，挂断电话即可。

2. 日常电话和传真通信程序

（1）船到岸电话（传真）呼叫　两位数业务码＋电话国家码＋地区码＋用户电话号码＋结束符♯。

如给上海海洋大学的一个用户打电话，连续拨 00862161900296♯即可。传真的拨号与电话通信完全相同。

（2）船到船电话和传真通信程序　两位数业务码＋电话洋区码＋船站终端号码＋结束符♯。

如给另一个船站打电话，连续拨 00870761542310♯即可。

第四节　Inmarsat-C 系统

一、Inmarsat-C 概述

Inmarsat-C 系统是 Inmarsat 的一个分系统，主要用于遇险报警和遇险通信、存储转发电传、低速数据通信和 EGC 等业务。由于其具有 EGC 功

能，可用于海上安全信息的接收，基本上属于 A3 海区航行船舶必备的 In-marsat 船站。随着 Inmarsat 系统对 Inmarsat-C 系统业务的开发，船舶保安报警系统（SSAS）和船舶远程识别与跟踪系统都可以在 Inmarsat-C 终端运用。

Inmarsat-C 终端采用全数字化通信系统，设备体积小、轻巧灵便、价格便宜。使用仅十几厘米高的全向天线，不存在日凌中断现象，通信可靠。

Inmarsat-C 系统除提供普通的电传、数据、文字传真外，还可提供其他的增值服务，如 C-Mail，Inmarsat-C 终端可与 GPS 设备结合使用，实现定时船位报告。

Inmarsat-C 系统通信资费较低，按流量计费，一般以 256bit 为一个基本计费单位。

Inmarsat-C 终端除采用船舶交流供电，还必须采用备用电源（蓄电池）供电。

二、Inmarsat-C 系统的组成

Inmarsat-C 系统有五个组成部分，即网络控制中心、空间段的静止轨道卫星、网络协调站、陆地地球站和移动地球站。其中网络控制中心、空间段的静止轨道卫星与其他 Inmarsat 系统一样。

1. 网络协调站

网络协调站的主要作用是协调和控制本洋区的陆地地球站和移动地球站之间的通信。移动地球站 MES 在开机或跨越洋区时，都要向 NCS 发出入网登记的申请。MES 在空闲时，自动调谐在 NCS 信道，接收 NCS 发送的 TDM 载波，实现信息的接收和自动跟踪卫星。Inmarsat-C 系统的 NCS 识别码见表 4-5。

表 4-5　Inmarsat-C 系统的 NCS 识别码

卫星覆盖区	NCS 名称	国家	NCS 识别码
大西洋西区（AOR-W）	Goonhilly	英国	044
大西洋东区（AOR-E）	Goonhilly	英国	144
太平洋（POR）	Sentosa	新加坡	244
印度洋（IOR）	Thermopylae	希腊	344

2. 陆地地球站

陆地地球站（LES）是陆地网络和移动终端的网关，移动地球站的所有通信都必须经过陆地地球站。陆地地球站 LES 的识别码由三位数字组成，第一位代表服务洋区，"0"代表大西洋西区 AOR-W，"1"代表大西洋东区 AOR-E，"2"代表太平洋区 POR，"3"代表印度洋 IOR。表 4-6 选用的是常用陆地地球站。

表 4-6　Inmarsat-C 系统常用的陆地地球站 LES 识别

陆地地球站	国　家	卫星覆盖区域 LES 编码			
		AOR-E	AOR-W	IOR	POR
	France（法国）	121	021	321	221
Vizada	Norway（挪威）	104	004	304	204
	USA（美国）	101	001	201	301
KDDI	Japan（日本）	103	003	303	203
Embratel	Brazil（巴西）	114			
MCN	China（中国）			311	211
OTESAT	Greece（希腊）	120		316	
Singapore Telecom	Singapore（新加坡）			328	210
	Ex UK（除英国）	102	002	302	
Stratos Mobile Network	NewZealand（新西兰）	013			013
	Netherlands（荷兰）	112	012	312	212
Telecom Italia	Italy 意大利	105		335	
VSNL	India 印度			306	

3. 移动地球站

典型的 Inmarsat-C 系统移动地球站（MES）包括 DCE（Data Circuit Terminal Equipment）和数据终端设备 DTE（Data Terminal Equipment）两个单元。数据线路终端设备包括发射机和接收机射频电路，是移动终端与卫星通信信道的接口，进行数据处理与转换，把需要发送的数字信号变换为射频信号，把接收的射频信号转换为数字信号。数据终端设备一般采用个人 PC 机加上一些用于 C 系统的专用软件，提供人机接口，用于对移动终端的控制以及完成电文的编辑、处理和打印等功能。

三、Inmarsat-C 系统船站的入网与脱网

Inmarsat-C 系统船站收发电文之前，必须选择一个卫星洋区进行入网登记。船站一般都具有自动入网登记的功能，当船站开机后便自动地调谐到所选的 NCS 公共信道上，并自动地向该 NCS 发出入网申请。如果 C 站是第一次向 NCS 发出入网登记申请，还需要通过移动终端的性能试验（PVT）才能入网工作。

如果 C 船站在较长一段时间内不使用，在关闭 C 船站电源前应进行脱网申请。如果 C 船站在关闭电源之前没有脱网，Inmarsat-C 系统的数据库仍然保持该船站为登记状态，假如有用户给该船站发送电文时，陆地地球站 LES 将因多次投送失败后，而向原发送者发出无法投递的通知。由于占用了通信网，所以即使电文未被投递，国内或国际电信机构仍有可能向原发送者收取通信费用。

四、Inmarsat-C 系统开放的主要业务

（一）存储转发的电传业务
1. 电传业务

电传业务包括传真、低速数据通信。Inmarsat-C 终端可与国际和国内电传用户及其他 Inmarsat-C 终端之间收发电文。

通信程序如下：

①编辑电文并存储；

②发射菜单的设置，设置地址、地面站、电文、优先等级等；

③启动发射。

随即 C 船站自动发送电文，电文发送结束自动拆线。一般 3～5min 内即可收到陆地地球站的投递通知，告知投送情况。

收报人名址的组成

电传：电传国际码＋用户电传号码（船到岸），电传洋区码＋船站识别码（船到船）；

传真：电话国际码＋地区码＋用户电话号码（船到岸）。

（二）遇险报警和遇险优先电文通信
1. 遇险报警

船站发送遇险报警时，在"Log in"或"Log out"状态都可以发送遇险

报警。

选择遇险报警"Distress"菜单，编辑遇险信息，内容为自身"遇险报文产生器"里电文，主要包括：船站的识别（设备自动输入）、遇险船位（自动或人工输入）、遇险性质（需人工选择）、遇险时间（自动或人工输入）、航向和航速（自动或人工输入）和发送遇险报警经过的陆地地球站（一般选择最近的 LES）。为了防止误报警的发送，一般大部分设备都不容许在"Distress"菜单按键发送遇险报警，需要按下专用的遇险按钮发送遇险报警。由于"遇险报文产生器"的遇险信息比较简单，如果时间容许，应使用遇险优先等级的电文，发送详细的遇险信息。

如果时间紧迫，无法进入"Distress"菜单进行遇险信息的设置，此时遇险性质自动选择"不明"，其他信息都由导航设备自动输入。如果船站没有连接导航接口，则发送的信息为"遇险报文产生器"储存的信息，而这些信息有可能是陈旧的。所以船站如果没有连接导航设备，建议定时输入船位，以保证紧急情况下有最新的位置信息。

2. 遇险优先等级电文

船站发送遇险优先等级电文时，必须保证在"Log in"状态下，才能发送。

①利用 MES 设备的编辑功能，编辑遇险报告，内容包括：遇险船舶的名称及船站识别码、遇险的位置、遇险的时间、遇险的详细情况、需要援助的方式及便于救助的其他信息（如邻近的天气情况，直升机可停靠的位置等）。

②选择"遇险"等级。

③选择离本船最近的陆地地球站。

Inmarsat-C 系统的 LES 通过可靠的陆上通信网连接至附近的本国的搜救协调中心（RCC），RCC 响应从船移动站发出的遇险报警或遇险优先等级电文。每个 RCC 都可通过国际通信网与世界上其他国家或地区的 RCC 相连接，以保证提供迅速有效的救助行动。

Imarsat-C 站进行遇险报警的发送操作十分简单快捷，但也非常容易造成误操作。因此，在使用时应了解遇险报警的发送程序及按键的作用设置，避免误发遇险报警。一旦发射误报警，千万不要关机了事，而应及时向船长或船舶负责人报告情况，然后通过原经转的陆地地球站使用"遇险"优先等级向 RCC 发出取消误报警的电文，并等候 RCC 确认。

（三）紧急和安全通信

Inmarsat-C 系统的紧急和安全通信与常规通信程序基本相同，只是需要选择两位数的业务代码，电文按紧急和安全通信的要求分别冠以"紧急信号"和"安全信号"。

（四）船到岸电子邮件业务

船到岸电子邮件业务是 Inmarsat-C 系统提供的增值业务，并不是所有陆地地球站都开放。所以船站如需通过 Inmarsat-C，一定要了解选择的陆地地球站是否开放此业务和相关业务要求。尤其是不同的陆地地球站，通信的设置方式是不相同的，特别要引起操作人员的注意，不按要求操作，可能会导致电子邮件无法发送成功。

船到岸电子邮件的操作也是利用电传发送到陆地地球站，再由陆地地球站转由 Internet 传递。目前，多数 LES 都提供 Inmarsat-C 系统电子邮件业务。

电子邮件操作注意事项：

①一定要选择 ASCII 或 7bit 方式编辑电文，编辑时电文收电人的电子邮箱号码在第一行顶格编写，在邮箱号码前加"to:"或"inet:"。

②编辑接入方式和特殊接入码　接入码并非收电人的地址，而是陆地地球站接收电子邮件的地址。接入方式一般在发射菜单选择"special"或"X.25"。表 4-7 为部分 LES 的接入方式和特殊接入码。

表 4-7　部分 LES 的接入方式和特殊接入码

LES	接入方式	Special access code 特殊接入码	地址前缀
Beijing 中国	Special	555	to:
KDD 日本	Special	28	to:
Singapore 新加坡	Special	65	to:
Station 12 荷兰	Special	28	to:
Stratos 美国	Special	633333	Inet:

（五）数据报告业务

数据报告主要用于船舶定时向预定的陆地用户发送简短的数据信息，如船位报告。船站首先在公司的网络登记，并由公司确定一个指定陆地地球站通过 Inmarsat 系统存储船站数据信息。系统船站注册登记，输入网络识别。网络识别信息由数据网络识别（DIND，Data Closed Network Isentity）和船站在该网络的识别组成。DIND 由船站通过指令下载。

1. 数据报告的发送方式

有三种：人工实时发送、人工编程自动发送和受寻呼指令自动发送（寻呼指令控制程序，终端设备自动发送）。

2. 数据报告业务的程序

船舶使用数据报告前，必须选定一个经转的陆地地球站并设定用户地址，用户地址包括 DIND 和网络识别号。

船舶使用 Inmarsat-C 系统发送船位报告，一般使用人工编程自动发送方式。

（1）设置船位　一般由连接的 GPS 自动输入，如船位不能自动输入，需要人工输入。

（2）设置船位报告参数　船位报告参数内容有报告的发送时间和间隔，接收船位报告的陆地地球站和船位报告接收地址。

（3）船位报告发送状态　把船位报告发送状态放在"on"位置即可。

（六）寻呼业务（Poll）

寻呼业务是由陆地用户通过陆地地球站向所选的船站发出寻呼指令，指示船站发出数据报告或执行预定的任务。对船站来说，就是做好寻呼响应的设置。目前，远程识别与跟踪系统（LRIT，Long Range Identification and Tracking of ships）就是利用寻呼业务进行的。

（七）增强群呼业务（EGC）

EGC 是 Inmarsat-C 系统的强制业务，用于向 Inmarsat-C 移动终端发送公共信息。EGC 信息由系统授权的信息提供者提供，向特定的船舶群、特定的区域或所有的用户播发信息。

EGC 安全通信网电文由 LES 负责编写，并将其转发给洋区的网络协调站 NCS，然后由 NCS 在公共信道上发送 EGC 广播信息，C 站在 Inmarsat 系统的 NCS 公共信道上可以接收到 EGC 广播信息。

五、船舶保安报警设备

1. 船舶保安警报系统产生的背景

2002 年 12 月国际海事组织（IMO）在缔约国政府会议上，审议并通过了强制安装船舶保安警报系统（Ship Security Alert System，SSAS）的要求。SSAS 已纳入国际海上人命安全公约 SOLAS XI-2 补充条例，即《国际船舶和港口设施保安条例（ISPS）》。SOLAS XI-2 章第六条和 76 届海安会决议 MSC136（76）规定，从事国际海域航行的船舶必须安装"船舶保安警报系统（SSAS）"，并自 2004 年 7 月 1 日起生效。船舶保安警报系统能保证船舶在受到威胁或遭受攻击时及时向主管当局指定的相关部门和船舶运营部门发出警报，这是 IMO 继 GMDSS 和 AIS 强制安装规定之后针对船舶航行安全提出的新的要求。IMO 关于强制安装船舶保安警报系统的规定适用于各类从事国际海域航行的船舶、石油钻井平台和其他海上固定或移动设施。考虑到 SSAS 的安全性和隐蔽性，SOLAS 公约和 MSC 海安会并不要求对 SSAS 进行型式认证，但需通过船籍国主管当局依据 SOLAS、MSC76、IEC645 等规范对 SSAS 进行装船检验。

2. 系统的组成

船舶保安警报系统的组成见图 4-5。

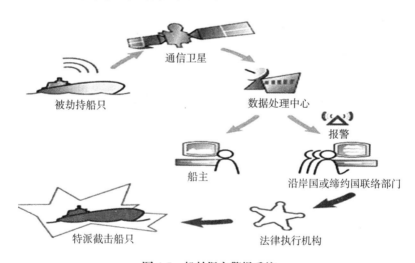

图 4-5　船舶保安警报系统

船舶保安警报系统一般是基于 inmarsat-C 系统开发的，船舶保安警报系统发送的报警和 GMDSS 系统发送的遇险报警享有相同的遇险等级。当启动 SSAS 报警后，通过 Inmarsat 卫星，经地面站自动向设定的联系人或主管当局指定的相关部门发送警报。警报信息包括公司名称、船舶识别（一般用九位数 MMSI）、船位以及当前船舶的安全状态，如正受到武装袭击。系统将持续发送船舶保安警报信息，直到人工关闭或重新设置警报系统，并且不会向任何其他船舶发送船舶保安警报，也不会由此启动船上任何其他警报。

3. 船舶保安警报设备

船舶保安警报系统的核心设备为 Inmarsat-C 与 Mini-C 站。

船舶保安警报设备的工作要求：设备成本低，尺寸小，安装独立、简便；报警按钮位置隐蔽；不会与船舶现有通信设备的安装发生冲突；按键报警后，SSAS 系统自动进入发射状态，不增加船员的工作量；自带备份应急电池，在船电中断后仍可发送报警信息；同时 SSAS 主机可提供多路的报警按钮接口或其他信号接口；满足 IMO 至少两个报警按钮要求。一般 SSAS 都有两个报警按钮及一个测试按钮，具有"试验"和"报警"两种工作模式。

船舶保安报警系统使用简单，当发生紧急情况时只需按下报警按钮，SSAS 可自动将报警信息以 Email 或 SMS 形式发至用户指定的信箱。

第五章　船舶电台管理

第一节　海上移动通信计费及规定

海上移动通信资费分国际资费和国内资费。通信资费的计算标准分三种，即免费、计时计费和按信息量的大小计费三种方式。GMDSS 设备的电话业务和 Inmarsat-F 的 ISDN 业务为计时计费，Inmarsat-C 的所有业务、Inmarsat-F 的 MPDS 业务和其他设备电传业务按信息流量计费。

一、我国国内资费的收取标准

（一）国内资费的一般规定

凡通过海（江）岸电台经转的通信，除下列规定的免费业务范围外，均应按本条规定收费。

免费的业务范围：

①船舶遇险通信。限各级搜寻救助中心、港务监督和打捞局与遇险船和援救船之间为营救目的进行的电报、电话通信。

②船舶电台发出的有关海上公益性质的信息，如航行安全信息、水位电报、船舶气象电报（限大连、上海、广州台），以及发往海事部门的航道信息。

③海事话台与船舶之间来往的 VHF 无线电话。

通信资费由岸（台）站费、陆线费和附加费组成。通信资费的种类有国内船舶通信资费、国际船舶通信资费和海事卫星业务费。

（二）我国国内资费收费标准

船舶无线电话按分钟收取岸台费，每次通话 3min 起算，不足 3min 按 3min 计算，超过 3min，按实际通话分钟数计算，尾数不足 1min 的按 1min 计算：

①VHF 无线电话：每分钟 3.74 元；

②MF 无线电话：每分钟 4.84 元；

③HF 无线电话：每分钟 8.14 元。

船舶无线电话销号费，每次等同于 1min 的岸台费。

船舶 NBDP 通信按每分钟 7.92 元收取岸台费，其自动操作按分钟数收取岸台费，尾数不满 1min 按 1min 计算；人工操作每次通报 3min 起算。不足 3min 按 3min 计费，超过 3min 按通报分钟数计费，尾数不满 1min 按 1min 计算。

二、我国国际资费的收取标准

船舶无线电话按分钟收取岸台费，每次通话 3min 起算，不足 3min 按 3min 计算，超过 3min，按实际通话分钟数计算，尾数不足 1min 的按 1min 计算：

①VHF 无线电话：每分钟 3.4GF；

②MF 无线电话：每分钟 4.4GF；

③HF 无线电话：每分钟 7.4GF。

船舶无线电话销号费，每次等同于 1min 的岸台费。

船舶 NBDP 通信按每分钟 7.4GF 收取岸台费，其自动操作按分钟数收取岸台费，尾数不满 1min 按 1min 计算；人工操作每次通报 3min 起算。不足 3min 按 3min 计费，超过 3min 按通报分钟数计费，尾数不满 1min 按 1min 计算。

三、我国海事卫星通信资费

1. 陆线费

经过北京地面站 MCN 结转的海事卫星业务，按"中国电信与中国集团通信中心关于 Imarsat 通信操作、路由和账务结算协议"执行，结算标准每年核算。

2. 地面站费和空间段费

地面站费由被呼叫的地面站所得，空间段费归 Inmarsat 所得。地面站费和空间段费根据业务情况处于不断调整中，经过北京地面站通信资费的具体情况可查阅北京船舶通信导航公司公布的 MCN 资费标准。

对于发自船舶移动站的通信，北京 LES 对国内船舶按 6s 计费（除 Imarsat-C 空间段和地面站费按每 256bit 计算），由北京船舶通信导航公司收取。

每次通信按 6s 计，不足 6s 按 6s 计，超过 6s 按每 6s 一个计时点收取。对于由陆地端发向船舶移动站的通信，由中国电信按每分钟收取，具体费率由中国电信确定，基本参照北京 LES 船至岸卫星通信的费率。

<h2 style="text-align:center">第二节　账务结算货币及我国船舶通信
账务结算单位和识别代码</h2>

船舶通信资费是船舶经过海岸电台或海事卫星地面站经转与其他用户往来通信所发生的费用，按照海上无线电通信的传输途径，船舶通信资费分为国内资费和国际资费。通信资费的计算主要采用计时收费和按信息流量收费。

一、账务结算货币

国际通信账务结算货币主要使用以下几种：

①金法郎（Gold Franc）。

②特别提款权（Special Drawing Right，SDR），只是一种记账单位，不是真正货币，使用时必须先换成其他货币，不能直接用于贸易或非贸易的支付，市值不是固定的。

③美金（US Dollar）。

二、我国船舶通信账务结算机构及识别代码

我国船舶通信账务结算机构有两个，交通系统结算机构和非交通系统结算机构。

1. 交通系统结算机构

北京船舶通信导航公司（Beijing Marine Communication and Navigation Company，MCN）；

对外账务结算机构识别代码（AAIC）：CN03；

地址：北京市安外外馆后身 1 号（No. 1 Wai Guan Hou Shen，An Wai，Beijing，China）；

邮政编码（Postal Code）：100011。

北京船舶通信导航公司负责下列通信业务的资费结算：

①经交通系统岸台或卫星北京 LES 传递的发自或发往外籍船舶（包括

港澳籍及中、外合资经营的船舶的电信业务）。

②中、外籍船舶经交通系统岸台或卫星北京 LES 传递并经电信部门电路发至其他国家或地区的电信业务。

③中国籍船舶或注有 CN03 账务结算机构识别代码的船舶，经国外海岸电台或卫星传递的（包括经外国岸台/地面站或水上移动卫星传递的船与船之间的）电信业务。

④外国通过国际电路发来并经我国岸台或卫星北京 LES 发至中、外籍船舶的电信业务。

⑤国内各地电信局收受并经国际电路及外国岸台发至中、外籍船舶的电信业务的资费结算。

2. 非交通系统结算机构

中国电信股份有限公司上海分公司

China Telecom Corporation Limited Shanghai Branch

地址：中国上海世纪大道 211 号 （No. 211 Century Avenue Shanghai China）

第三节　船舶电台工作日志

一、船舶电台工作日志的用途

无线电通信日志又称无线电台日志，是船舶的重要文件和法律依据之一，用于记载航行中所发生的有关海上人命安全和日常无线电通信业务的一切事项。无线电通信日志必须使用黑色墨水笔填写，按日志内容逐项逐行详细、准确、清楚、如实记载通信情况，写错时应划去重写，不得任意涂改和撕页。

二、船舶电台工作日志的填写要求

无线电通信日志由持适任证书的无线电操作员填写，船长每月检查并签字。

填写船舶电台工作日志，时间一律采用世界协调（UTC）；有关通信记录尽量采用英文或英文缩写，如认为有必要可用中文注明。

填写无线电通信日志，以航次终了为界，航次开始时另起页填写；船舶开航前，应将电台所有通信设备的试验情况和设备状况填入。

(1)"时间"栏 应准确记录各类通信业务开始和结束的时间及收发情况，一般还应记录往来通信对象的详细情况和通信时间。

(2)"经转电台"栏 记录发往或接收的海岸电台或陆地地球站的名称/呼号或识别号。

(3)"通信方式"栏 记录进行各种通信时所使用的通信方式，如单边带无线电话、窄带直接印字电报、卫通电传、卫通电话、卫通传真和卫通数据通信等通信方式，分别以 SSB、NBDP、MES-TLX、MES-TEL、MES-FAX 和 MES-DATA 等字样表示。

(4)"频率"栏 用于记录双方通信频率时，一般双方通信频率用斜线分开，斜线之前为对方频率/之后为本台频率，若同频工作只写一个频率。如使用卫星通信方式工作则不写频率。

填写相关内容时，同一行填写不下时，一般尽可能采用跨行不跨栏。

三、无线电通信日志应记载的内容

应填写船舶的资料、无线电设备的配备方案和无线电操作人员。如采用岸基维修方案时，应填上陆上维修公司的名称。

开航前电台所有通信设备的检查情况。

航次开始和终了期间的船舶动态，包括航线、开航、抵港、抛锚、移泊、过运河、修船等内容的时间和地点。

①所有遇险、紧急和安全方面的通信情况，如条件许可的话，应详细记录遇险通信情况。

②所有遇险和安全通信设备的值守情况。

③日常无线电通信业务的处理情况，包括各类窄带直接印字电报、单边带无线电话、数字选择性呼叫、卫通电传、电话、传真和数据通信等通信业务的往来情况记录。

④记载接收到的航行警告、气象报告和气象传真图等海上安全信息。

⑤航行期间，每天正午船位、天文钟时间的校对情况、船时的更变、气象状况，以及通过国际日期变更线等情况。

⑥通信条件的变化和影响各类正常通信业务的情况和事件。

⑦电台通信设备和值守设备的试验情况，以及开关机时间。

⑧航行期间，通信设备及其附属装置使用、故障、修理、维护保养、试验以及蓄电瓶充放电、使用和电压及电解液比重的测量情况等内容。

第四节　船舶电台应配备的业务文件和资料及其正确使用和保管

一、船舶电台必备的业务文件

船舶电台除必须具备我国或船籍国有关主管部门核发的电台执照等相关证书外，还应配备下列国际、国内业务文件和资料。

（一）国际业务文件和资料

①《无线电规则》（Radio Regulation）或《水上移动业务和卫星水上移动业务实用手册》（Manual for Use by the Maritime Mobile Service and the Maritime Satellite Mobile Service）。

②《海岸电台表》（List of Coast Stations）或相应资料如《无线电信号书》（Admiralty List of Radio Signals）。

③《无线电定位和特别业务电台表》（List of Radio Determination & Special Service）。

④《船舶电台和水上移动业务识别表》（List of Ship Stations and Maritime Mobile Service Identity Assignment）。

⑤有关港口检查当局和船舶注册的船级社要求的文件或资料。

⑥对上述所列文件和资料的必要修改资料。

（二）国内业务文件和资料

①交通部颁发的《水上无线电通信规则》。

②交通部颁发的《全国江、海岸电台台名录》。

③交通部颁发的《全国船舶电台台名录》。

④公司颁发的船舶通信工作实施细则。

⑤公司颁发的船舶通信导航设备管理规程。

⑥对上述所列文件和资料的必要修改资料。

二、船舶电台执照与证书

1. 电台执照

凡核准设立的参与水上无线电通信的船舶电台，必须持有我国或国外有关主管当局核发的电台执照。

电台执照应存放在电台内便于立即取下携带和出示检查的位置，并由无线电主管人员负责保管。

电台执照的有效期限一般为 5 年，有效期届满前 3～6 个月，船长应及时向公司通导主管部门报告，以便向有关主管当局重新申请核发。

2. GMDSS 证书

按照我国主管当局规定，船舶应配备持有符合主管当局要求的 GMDSS 适任证书的无线电操作人员。

GMDSS 适任证书有效期一般为 5 年，有效期届满前 6 个月，由船长（在船期间）或本人（离船期间）向公司主管部门报告，以便向有关当局申请换发。

3. 货船无线电安全证书

所有船舶电台必须持有我国或国外有关船级社核发的货船无线电安全证书。

GMDSS 货船无线电安全证书分换证检验和定期检验，换证检验 5 年一次，定期检验每年一次。有效期届满 3 个月，由船长向主管船级社或公司主管部门提出申请，对船舶无线电设备进行定期检验或换证检验。

除上述证书外，船舶电台一般还应当配有有效的下列证书：

岸基维修协议，有效期一般为 1 年以上，具体有效期根据公司和设备生产厂商协议商定。EPIRB 年度检验报告。VDR/S-VDR 年度检验报告。SART 和 LRIT 性能符合性测试报告。

三、文件资料的管理规定

①船舶电台应备有专用防火及防霉的文件柜，并设有专门的文件登记本。凡列入文件登记本的内部文件和业务资料，由无线电操作人员负责保管，按规定定期核点清理，并列入移交。禁止私自携带离船。

②国际业务文件和资料短缺或已过期时，经请示船舶领导或公司后可自行购买或由公司购买。

③国内业务文件、资料和专用工具书短缺时，应及时向本公司通导主管部门申请领取，或经请示公司通导主管人员同意后在国内购买。

④凡需定期或不定期修改的国际、国内业务文件和资料，应按规定进行修改。

第六章　海上移动业务的遇险和安全通信

第一节　GMDSS 系统的值守规定

在 GMDSS 中承担值守责任的电台应遵守下述规定：

1. 海岸电台

在 ITU 出版的《海岸电台表》中注明的频率上和时间内，应保持自动的 DSC 值守。

2. 船舶电台

当船舶在海上航行时，应当在适当工作频带内的遇险和安全频率上保持自动的 DSC 值守：

①若按照《无线电规则》要求配有 VHF DSC 的船舶，应当在 2187.5kHz 保持连续的 DSC 值守。

②若按照《无线电规则》要求配有 MF DSC 的船舶，应当在 VHF CH70 频道上保持连续的 DSC 值守。

③若按照《无线电规则》要求配有 MF/HF DSC 的船舶，必须在 DSC 遇险安全呼叫频率 2187.5kHz 与 8414.5kHz 上和 DSC 遇险安全呼叫频率 4207.5kHz、6312kHz、12577kHz 和 16804.5kHz 中任选一个频率上保持不连续的值守，而且要求扫描式值守，一般采用扫描式值班机值守。

④在航行海区内播发海上安全信息的频率上保持值守，以接收海上安全信息（如保持 NAVTEX 接收机和 EGC 接收机常开）。

⑤在沿岸航行或船舶航行密集区域，实际可行的话，船舶应当用于遇险和安全通信的 VHF CH16 和用于船舶间航行安全通信的 VHF CH13 或其他合适的频道上适当的守听。

⑥若船舶配备有 Inmarsat 移动地球站，应连续接收通过卫星转发的岸到船的遇险报警。

第二节 遇险通信

一、GMDSS 的遇险通信

GMDSS 实施的目的是为了保障海上船舶和人员安全，提供充分和畅通的通信手段，一旦船舶发生紧急情况，能尽快地将遇险报警发送给邻近的或最适宜于救助或协调救助的陆上搜救中心（RCC），同时发送给邻近的船舶。

（一）遇险通信的一般规定

1. 遇险报警的定义

发送遇险报警表明移动单位（船舶、航空器或其他交通工具）或人员遇险或处于急迫危险中，需要立即帮助，在移动单位负责人签署和命令下发送遇险报警。我国交通部对船舶的遇险报警定义为：当船舶在航行中发生了重大危急事故，严重危及船舶安全和人员安全，本船不能控制，需要立即救助时，必须经船长或其授权代理人签署命令或口令后，才可发送遇险报警、遇险呼叫或遇险报告。

①按照上述定义，船舶的遇险报警有两个先决条件，一是航行中船舶遇险，二是急需他方援助。有时船舶发生险情，但是险情是本船可以控制的就不需要报警。但有时发生险情，一时无法判断能否依靠本船自己的力量控制险情，遇到这种情况，船长一方面应安排组织自救，另一方面做好报警的准备。这种情况下发出遇险报警是优先的选择。如果遇险报警发出之后，已明确判明险情能够控制不需要他方援助时，应尽快发出遇险险情已在本船控制下，不需要其他船采取行动或者暂缓采取行动的通告。

②在 GMDSS 通信中，设置了通信的优先级别。遇险通信优先权最高，其他优先级别依次为紧急通信、安全通信和常规通信。遇险呼叫具有绝对的通信优先权，其他船岸电台收到遇险通信时，应立即停止可能干扰遇险通信的任何发射，并在遇险通信频率上保持守听。

③船长、驾驶员或船舶无线电操作人员要熟悉和掌握遇险通信方面的知识。船舶应事先或者临时指定操作遇险通信设备的人员。具体负责遇险通信的人员，要在有关的遇险安全通信频率上值守，并做好一切遇险通信的准备工作。船舶如遇险或发生紧急事态，要按处理遇险通信的规定和要求去做，应及时、正确地组织实施。

④船舶在发生遇险时，为了尽快得到有效的救助，应通过最近的海岸

电台或陆地地球站向邻近国家或地区的搜救中心 RCC 发送遇险报警。根据船舶航行海区的地理位置和设备的配置情况，选用 VHF-DSC、MF/HF DSC、Inmarsat 船站和 EPIRB 等设备，选择最快最有效的报警手段。从目前的实际情况来看，由于 DSC 遇险误报警太多，船岸通信人员普遍不信任 DSC 遇险报警，所以使用 Inmarsat 船站或 EPIRB 等设备报警成功概率比较高。

⑤船舶驾驶员有义务提请船长及时采取有效通信手段和方法，确保在紧急情况下能迅速准确地发出遇险信息。遇险事件危急、需要弃船，且船长或其授权代理人又不在通信现场指挥时，在这种极端情况下，船舶的其他船员可以根据当时情况，采取措施迅速发出遇险报警信息。

⑥应急通信时，船长负责领导和组织实施应急通信的指挥。可能的情况下，船长亲自操作遇险通信设备或者授权专人代其处理。在船舶发生遇险时，船长因故不能亲临通信现场又未指定代理人时，一般可以由大副代替船长指挥遇险通信。

⑦船舶发送遇险呼叫和遇险报告，条件允许时必须做详细记录，遇险通信结束后，应将遇险通信的处理情况尽快上报上级部门和海事部门。

⑧在 GMDSS 中，划分遇险、紧急、安全和常规通信四个通信优先等级，遇险通信具有最高的通信优先等级权。

⑨遇险报警必须包括遇险信号、遇险船舶的识别与遇险位置。如可能的话，还应当包括遇险的性质、要求援助的种类及便于救助的其他信息（如遇险船的航向和航速等信息）。

2. 遇险信号

GMDSS 中，无线电话遇险信号为法语的"MAYDAY"，卫星电话和无线电传遇险信号也使用"MAYDAY"。

3. 遇险和安全通信频率

（1）无线电话遇险和安全频率　包括 2182kHz、4125 kHz、6215 kHz、8291 kHz、12290 kHz、16420 kHz 和 VHF CH16。

（2）无线电传遇险和安全频率　包括 2174.5 kHz、4177.5 kHz、6268 kHz、8376.5 kHz、12520 kHz 和 16695 kHz。

（3）数字选择性呼叫 DSC 遇险报警频率　包括 2187.5 kHz、4207.5kHz、6312 kHz、8414.5 kHz、12577 kHz、16804.5 kHz 和 VHF CH70。

（二）遇险报警方法的选择

根据船舶航行海区的地理位置和设备的配置情况，选用 VHF-DSC、MF/HF DSC、Inmarsat 船站和 EPIRB 等设备，选择最快最有效的报警手段。从目前的实际情况来看，由于 DSC 遇险误报警太多，船岸通信人员普遍不信任 DSC 遇险报警，所以使用 Inmarsat 船站或 EPIRB 等设备报警成功概率比较高。

一般考虑的因素有：船舶航行的海区、船上配备的通信设备、船上配备的通信设备的操作可用性和当时电波的传播特性。

遇险报警方法的选择具体归纳如下：

1. 船到船

使用 VHF DSC 或 MF DSC。

2. 船到岸

（1）A1 海区　航行在 A1 海区的遇险船舶可在 VHF CH70 采用 DSC 发送船到岸的遇险报警，然后在 VHF CH16 进行随后的遇险通信。也可以启动 406MHz EPIRB 发送船到岸的遇险报警。

（2）A2 海区　航行在 A2 海区的遇险船舶可在 MF 的 2187.5kHz 采用 DSC 发送船到岸遇险报警，然后在 2182kHz 使用无线电话或在 2174.5kHz 使用无线电传进行遇险通信。也可以启动 406MHz EPIRB 发送船到岸的遇险报警。

（3）A3 海区　航行在 A3 海区的遇险船舶可在 HF DSC 遇险安全频率采用 DSC 发送遇险报警，随后使用无线电话或无线电传在相应的遇险和安全频率上进行遇险通信；利用 Inmarsat 移动终端发送船到岸的遇险报警。也可以启动 406MHz EPIRB 发送船到岸的遇险报警。

（4）A4 海区　航行在 A4 海区的遇险船舶可在 HF DSC 遇险安全频率采用 DSC 发送遇险报警，随后使用无线电话或无线电传在相应的遇险和安全频率上进行遇险通信。也可以启动 406MHz EPIRB 发送船到岸的遇险报警。

二、遇险报警和通信程序

在 GMDSS 中，遇险和安全通信是利用地面通信系统的 VHF、DSC、MF/ HF 无线电通信设备和 Inmarsat 卫星系统设备实现的。

遇险和救助的通信程序如下：

①船舶向岸上发送的遇险报警：通过 Inmarsat 移动站或 EPIRB 设备，经地面站到 RCC；或利用 VHF、MF、HF 的 DSC 通过海岸电台通报给本海区的 RCC。

②船对船的遇险报警：是利用 VHF 和 MF 的 DSC，向遇险船附近的船舶报警。

③由岸向船舶发出的遇险报警：由 RCC 中转，视情况向特定的船舶、经选择的船群或在特定海区的船舶、或者对所有船舶发送报警。

④接收到遇险报警的海岸电台、Inmarsat 地面站以及 COSPAS /SART-SAT 的本地用户终端（LUT），应将遇险报警立即转给有关的 RCC。在 RCC 确认遇险后，通知给遇险船附近的所有船舶。船舶收到岸上发来的遇险报警后应按指示建立通信联系，并进行适宜的救助活动。

遇险船、救助船和飞机之间，或搜寻船、搜寻飞机与现场指挥之间的现场通信，统一由现场指挥负责。

（一）DSC 报警遇险呼叫程序

1. DSC 遇险报警概述

DSC 遇险呼叫可以人工编辑后发送，在遇险事件比较紧急的情况下，如没有足够时间编辑 DSC 遇险呼叫程序时，可以启动面板上的遇险报警按钮，自动生成 DSC 遇险呼叫序列，同时迅速将遇险信息发出，该方法效率高、误码率低，是 GMDSS 中地面通信系统遇险报警的一种主要手段。

DSC 控制器与电子导航设备连接，以连续不断地修正船位，保证在遇险情况下，能迅速给出位置信息。但是，如果没有电子导航设备与 DSC 控制器相连接时，一般建议每 4h 一次定时将船位输入到 DSC 控制器，以保证在紧急情况下，能将最新的船位信息包含在 DSC 报警中。

DSC 遇险呼叫的频率为 DSC 遇险和安全频率：2187.5kHz、4207.5kHz、6312kHz、8414.5kHz、12577kHz、16804.5kHz 和 VHF CH70。

DSC 遇险呼叫一般采用两种呼叫尝试。

（1）单频呼叫尝试　在 VHF、MF 或 HF 频带中的一个 DSC 遇险呼叫频率上连续发送 5 次呼叫序列（一个呼叫尝试）。一个呼叫尝试如未得到收妥确认，可以相隔约 4min，在相同频率上再次进行呼叫尝试。每次重复的延迟由设备自动产生。

（2）多频呼叫尝试　在六个 MF 和 HF 频带中的任意一个频率上连续发送 5 次呼叫序列，而在大约 4min 后，在另一频率上发送 5 次呼叫序列。

DSC 遇险报警是发给所有电台的，以便让在发射台覆盖范围内的电台都能接收到 DSC 遇险呼叫报警。

如遇险报警发送后未获得应答时，需立即检查通信设备是否完好，如发信机是否正常，频率、天线是否正确使用等。如果一切正常，应重发遇险报警和遇险报告，直到接收到遇险收妥确认为止。

2. 接收到 DSC 遇险呼叫后的处理程序

当接收到 DSC 遇险呼叫时，接收机除了能打印出 DSC 遇险呼叫外，还将启动 DSC 设备上的声光装置，以引起接收电台无线电操作人员的注意。船舶接收到位于其附近的遇险报警时，应高度重视，并应立即向船长报告，迅速进行正确的处理。

在不同波段上接收到 DSC 遇险呼叫，应采用不同的处理方法。

①在 VHF CH70 频道上收到 DSC 遇险呼叫，如果是在 A1 海区，该海区的海岸电台应当先用 DSC 给予遇险收妥，以终止 DSC 遇险呼叫，然后转到 VHF CH16 频道上进行随后的遇险通信，而附近的船舶应转到 VHF CH16 频道准备与遇险船进行通信联系。如果不是在 A1 海区接收到 VHF DSC 遇险呼叫，则由接收到 VHF DSC 遇险呼叫的某船发出 DSC 遇险收妥，以终止 DSC 遇险呼叫，然后转到 VHF CH16 频道上进行随后的遇险通信，其他附近船舶应转到 VHF CH16 频道收听，并准备与遇险船进行通信联系。救助船应使用 VHF CH16 频道上和遇险船联系，确认收到遇险呼叫，告知准备前去救助和预计抵达的时间等信息，在得到遇险船救助请求后前去救助。

救助船舶还应使用任何可用的通信方式通知 RCC 或者海岸电台告之遇险船的情况。

②在 MF 2187.5kHz 上收到一个 DSC 遇险呼叫，如果是在 A2 海区，该海区的岸台应在 1～2.75min 内给予 DSC 遇险收妥。如果该海区岸台没有及时给予 DSC 遇险收妥，遇险船附近的某一船舶应给予 DSC 遇险收妥。如果在 A3 或 A4 海区，船舶接收到 MF DSC 遇险呼叫时，当确认遇险船位于本船附近也应给予 DSC 遇险收妥，以终止遇险呼叫，随后用无线电话或无线电传通信方式进行遇险通信。

DSC 遇险收妥尽量在 DSC 遇险呼叫的间隙发出。救助船舶还应使用任何可用的通信方式通知 RCC 或者海岸电台告之遇险船的情况。

③在 HF 波段的 DSC 遇险呼叫频率上收到 DSC 遇险呼叫时，岸台应该

给予 DSC 遇险收妥。船舶应推迟用 DSC 发送遇险报警的收妥确认，而应当在相应的无线电话遇险和安全频率上守听至少 5min，并且应当使用无线电话对遇险报警进行收妥确认，以便给予及时帮助。在 A3、A4 海区，船舶接收到 DSC 遇险呼叫后，如果确知本船离遇险船很近，可在 VHF 或者 MF 波段使用 DSC 遇险和安全频率发出一个 DSC 遇险收妥确认，然后转到无线电话或无线电传遇险和安全频率上与遇险船保持联系，并准备前去救助。

救助船舶还应当使用任何可用的通信方式将遇险船的情况通知合适的 RCC 或者海岸电台。

④DSC 遇险收妥一般使用人工方式在接收到的 DSC 遇险和安全频率上发送，便于遇险船确定遇险呼叫被收妥，停止 DSC 遇险呼叫，转到相应的频率上进行遇险通信。

3. DSC 遇险转发

船舶如果在 VHF CH70 或者在 MF 2187.5kHz 上接收到遇险船发送的 DSC 遇险报警，不应当对"所有电台"进行 DSC 遇险报警转发，根据实际情况可向邻近的某个海岸电台进行"单台呼叫"。

船舶在下列情况下，应当进行转发遇险报警：

①当确认遇险船舶自身不能发送遇险报警。

②非遇险船舶的负责人或者陆地电台的负责人认为需要进一步的援助时。

发出 DSC 遇险转发后，等待 DSC 遇险收妥确认，并准备在 DSC 报警的同波段无线电话信道（或者频率）VHF CH16 或者 MF 2182kHz 上进行遇险通信。

海岸电台在收到遇险报警后，一般都会向船舶电台转发在某个海区发生遇险的 DSC 遇险报警。主要是考虑到船舶可能没有接收到初始的遇险报警。

船舶电台在高频上接收到 DSC 遇险报警一般不给予 DSC 收妥确认，但如果 DSC 遇险报警发送 3min 内海岸电台没有给予 DSC 遇险报警的收妥，5min 后船舶电台应转发该遇险报警。

三、无线电话和无线电传遇险通信

（一）无线电话遇险呼叫格式

——遇险信号"MAYDAY"三次；

——THIS IS（如果语言困难，可用 DE，读作 DELTA ECHO 字样一次）；

——遇险船舶的名称、呼号或其他识别号三次；

——收妥遇险呼叫的电台名称、呼号或其他识别号三次；

——遇险的位置；

——遇险性质和需要援助的种类；

——便于救助的其他信息。

（二）无线电传遇险呼叫格式

——遇险信号"MAYDAY"一次；

——DE 字样一次；

——遇险船舶的名称、呼号或其他识别号一次；

——收妥遇险呼叫的电台名称、呼号或其他识别号一次；

——遇险的位置；

——遇险性质和需要援助的种类；

——便于救助的其他信息。

（三）遇险呼叫的收妥确认

1. 一般规定

一般原则"先岸后船，先近后远"。当船岸电台收到遇险船舶发送的遇险报警时，并确信遇险船舶的位置位于本船附近或本海岸电台的搜救区域内，船岸电台经船长或海岸电台负责人签署和命令后立即给予收妥确认。如果遇险船舶离本船较远，应继续守听，稍许推迟这项收妥确认。在确信没有船、岸电台给予收妥确认时，再给予收妥确认。如果已经有船、岸给予收妥确认，并能提供足够援助时，一般无需给予收妥确认。

2. 无线电话遇险收妥确认格式

——遇险信号"MAYDAY"一次；

——遇险船舶的名称、呼号或其他识别三次；

——THIS IS 字样（如果语言困难，可用 DE 字样，读作 DELTA ECHO）一次；

——收妥确认遇险呼叫的船舶电台名称、呼号或其他识别三次；

—— "RECEIVED MAYDAY"。

实例：MAYDAY

M/V PACIFIC PACIFIC PACIFIC

THIS IS

M/V HUANGSHAN HUANGSHAN HUANGSHAN

RECEIVED MAYDAY

3. 无线电传遇险收妥确认格式

——遇险信号"MAYDAY"一次；

——遇险船舶的名称、呼号或其他识别一次；

——DE 字样一次；

——收妥确认遇险呼叫的船舶电台名称、呼号或其他识别一次；

——"RECEIVED MAYDAY"。

收妥遇险呼叫的船舶电台，应在船长的命令下向遇险船舶发送赴援报告，告知遇险船本船名称、本船目前位置、本船最高船速和预计抵达时间。赴援船舶准备驶往营救前，在遇险船还有通信能力的情况下，需征得遇险船的同意，以避免无效施救行动。

如果救助协调中心 RCC 没有收到遇险船舶的遇险信息，给予遇险收妥确认的船舶电台应通过海岸电台或者陆地地球站通知 RCC。同样，海岸电台应及时地将遇险船舶的遇险信息通知救助协调中心。

（四）现场通信

现场通信是指遇险船舶与救助船舶、飞机之间进行的通信，包括和参与协调搜救行动单位之间进行的通信，即与海面现场指挥员或海面搜索协调员之间进行的通信。遇险船舶或遇险现场指挥员负责现场通信，并确定现场通信方式和通信频率。

现场通信使用无线电话或者无线电传，一般使用无线电话。

现场通信使用的频率：无线电话 2182kHz 和 VHF CH16，无线电传 2174.5kHz。

遇险船舶要启动 SART，以便使搜寻的船舶或者飞机用雷达发现遇难船和幸存者。

VHF CH16（156.3MHz）可用于船舶与航空器之间进行协调搜救作业的通信，也可用于为安全目的而进行的航空器与船舶之间的通信。但搜救的飞机和遇险船舶之间进行的搜救通信一般使用无线电话 2182kHz 和 VHF CH16。

（五）遇险通信的其他要求

使用遇险通信开始前都应冠以遇险信号"MAYDAY"，以引起其他电台的足够重视。所有遇险通信应当尽可能使用遇险和安全频率。

遇险通信一般使用无线电话在遇险和安全频率上进行。通常情况，船和船之间的遇险通信使用 2182kHz 或 VHF CH16 进行。遇险船舶与海岸电台之间进行的遇险通信一般使用 DSC 遇险呼叫频率相同波段的无线电话遇险和安全频率。

如果认为使用无线电传方式便于遇险通信，通常采用 CFEC 方式，如果遇险船认为采用 ARQ 方式有利于遇险通信，也可以使用 ARQ 方式。

（六）遇险通信的制止干扰

遇险通信中，为了保证遇险通信的顺利进行，遇险船舶、海岸电台或海面现场指挥员应控制遇险现场通信的秩序，一旦有电台在遇险通信频率上发射，可能干扰正在进行中的遇险通信，遇险船舶、海岸电台或海面现场指挥员可以强令干扰遇险通信的电台保持静默。制止干扰的发送方式有以下两种：

①在无线电话遇险通信中，应发送信号"SEELONCE MAYDAY"，读作法语"SILENCE MAIDER"。

②在无线电传遇险通信中，应发送信号"SILENCE MAYDAY"。

（七）恢复正常工作

当遇险情况已经明显好转，救援船已经到达，有足够的营救能力，无需进一步增援；或遇险船已经沉没或已经弃船、所有幸存者已经获救时，可以恢复遇险通信频率上的正常通信。遇险船舶、海岸电台或海面现场指挥员在船长和陆地单位相关负责人签署后，在遇险通信频率上发送"恢复正常工作通知"。

格式如下：

1. 无线电话"恢复正常工作通知"

——遇险信号"MAYDAY"一次；

——HELLO ALL STATIONS（如果语言困难，可用 CQ 字样，读作 CHARLIE QUEBEC）三次；

——THIS IS 字样（如果语言困难，可用 DE 字样，读作 DELTA ECHO）一次；

——发送该通知的电台名称、呼号或其他识别一次；

——曾经遇险船舶的名称和呼号；

——该通知的交发时间；

——"SEELONCE FEENEE"，读作法语"SILENCE FINI"。

2. 无线电传"恢复正常工作通知"

——遇险信号"MAYDAY"一次；

——ALL STATIONS 或 CQ 字样，一次；

——DE 字样，一次；

GMDSS系统船长遇险操作指南

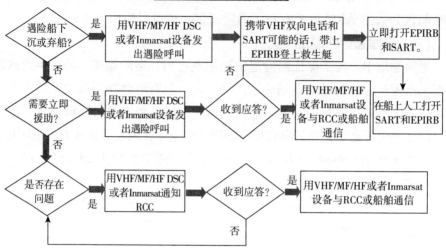

GMDSS系统船长遇险操作指南

1.如果应急无线电计位标不能放入救生艇筏，它应该能自由 漂浮并能在浮起时自动启动。

2.若有必要，船舶应该使用任何适宜的方法向其他船舶报警。

3.上述事项并不排除船舶可以使用任何可行办法来发送遇险报警信号。

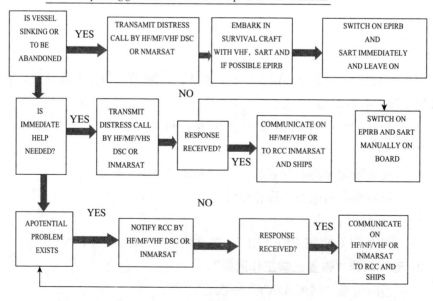

GMDSS operating guidance for masters of ships in distress situations

图 6-1

——发送该通知的电台名称、呼号或其他识别一次；

——曾经遇险船舶的名称和呼号；

——该通知的交发时间；

——"silence fini"字样。

（八）遇险船舶船长操作GMDSS设备指南

根据国际海事组织（IMO）1992年发布的COM/CRIC108号文件，即"遇险船舶船长操作GMDSS设备指南"（GMDSS Operation Guidance for Master of Ship in Distress），中国船检局要求悬挂中华人民共和国国旗的船舶，应在驾驶台明显的位置张贴"遇险船舶船长操作GMDSS设备指南"，应当采用中英文对照方式，并按IMO彩色样套印。

（九）弃船时执行的通信步骤

1. 弃船前执行的通信步骤

①当船舶遇险时，险情危急、严重威胁船舶和人员安全、必须弃船时，在船长的命令下，GMDSS无线电操作人员应及时用可用的通信设备发送遇险报警。

②船长发出弃船命令后，船长要通知GMDSS无线电操作人员，GMDSS无线电操作人员要销毁机密文件，携带无线电台工作日志和电台执照与船长一起最后离船。

③GMDSS无线电操作人员应携带搜救雷达应答器（SART）和便携式双向甚高频无线电话到救生艇筏上。可能的话，还应携带卫星应急示位标。

2. 在救生艇筏上执行的通信步骤

①立即启动406MHz EPIRB。

②立即开启SART，便于搜救的船舶或飞机的雷达能迅速发现遇险幸存者的位置。

③开启便携式双向甚高频无线电话设备，在VHF CH16频道上与前来救助的船舶或直升机保持通信联系。

四、GMDSS设备误报警的防范和处理

GMDSS使用地面通信系统和卫星通信系统的多种无线电设备、多种通信方式和多个遇险和安全频率发送遇险报警和自动值守等一系列措施，确保遇险报警的可靠发送和接收。但由于无线电操作人员的素质、通信设备安放在驾驶台以及其他原因，导致误报警的数量要远远多于真正的遇险报警，据

国际和国内相关海事部门的统计，在所有发送的遇险报警中，有90％以上的报警是误报警。大量的误报警造成搜救部门和船东的大量人力和物力的不必要浪费，甚至影响到船东公司的正常生产管理。更为严重的是由于船舶经常收到误报警，对收到的报警不相信，一旦船舶遇险时发送的真实遇险报警也无船理会，导致船舶真正遇险时得不到及时有效的救助。误报警的危害和后果相当严重，必须引起船舶、海事部门、培训机构和船东的高度重视。

1. 防范措施

从管理上下手，船舶应当制定通信管理制度，对日常通信和应急情况时的通信制定相应的程序，有明确的分工、部署和责任人，明确无线电通信人员的职责。在遇险和安全通信设备附近张贴简单的操作说明和误报警的处理方式。同时无线电操作人员要向全体船员尤其是驾驶台人员讲解通信设备的一些紧急开关和按钮的用途与使用方法，使他们了解紧急开关和按钮的用途、作用和紧急情况下的操作方式，以避免由于人为因素而发生误报警。

2. 处理方法

一旦设备操作失误，发生了误报警，应及时与接收误报警的RCC联系，报告发送误报警的设备识别、船舶的位置和报警的时间，并取消报警信息。消除误报警的方法要根据不同设备予以处理。

（1）DSC设备误报警的消除　根据ITU-R 493条款对DSC操作说明中最新的修正，今后的DSC设备将可以采用发射DSC自收妥的方式取消DSC误报警。即由发生DSC误报警的船舶编发一个DSC遇险收妥，在遇险船的识别码一项输入本船识别码，这样在这一海区的其他船舶收到这样一个呼叫后，就知道刚刚收到的DSC遇险呼叫是误报警，而不予采取行动。当然随后必须用无线电话方式在VHF CH16和MF 2182kHz上播发取消DSC误报警的信息。播发内容如下：

——All Stations，All Stations，All Stations；

——This is NAME，CALL SIGN，DSC NUMBER，POSITION；

——Cancel my distress alert of DATE，TIME UTC；

——Master，NAME OF THE SHIP，CALL SIGN，DSC NUMBER，DATE，TIME UTC。

（2）应急无线电示位标（EPIRB）误报警消除　无线电紧急示位标（EPIRB）发生误报警，大多数情况下长时间不能被发现。406MHz EPIRB被启动时，COSPAS/SARSAT系统能自动确定遇险船的位置。如果是误报警，最后信息要传送到船舶所在海区的 RCC。因此，可用 INMARSAT 或者 B 站、或者 C 站、或者 F 站、或者地面通信系统与所在海区的 RCC 联系，消除 406MHz EPIRB 发出的误报警信号。

（3）Inmarsat 移动站的误报警消除　Inmarsat-B 站、F 站误发报警时，如果与 RCC 线路已经接通就不要立即拆线，马上通知 RCC 操作员"这是一个误操作，请取消报警信号"。如果误报警后，RCC 线路已经拆除，可立即通过有关的地面站，与接收到误报警的 RCC 联系，告诉该操作员"这是一个误操作，请取消报警信号"。如果是经由 Inmarsat-C 站误发报警，可以通过发送误报警的同一地面站发送一个遇险优先等级电文，说明情况，取消报警信号，或通过 Inmarsat-B 站、F 站的电话联系发送误报警的 LES，取消报警信号。

对于任何船舶或者船员在发生误报警后，向有关当局报告并取消了误报警，一般不进行处罚。但是，如果误报警造成了严重后果，在严厉禁止他们发射的同时，有关管理部门还将对那些屡次误报警的船舶和人员采取处罚。

图 6-2 为确知或者怀疑误报警发射时的应急处理指南示意图。

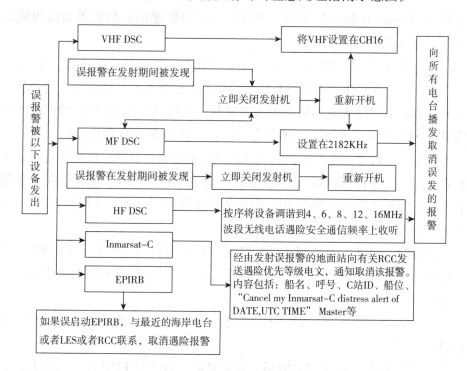

图 6-2　误报警处理指南图

3. IMO 避免误报警的要求

IMO 避免误报警指南（IMO A. 814-19 条款），公司、船长、船员在如下几方面应确保做到：

①全部持有 GMDSS 证书并负责发射遇险报警的人员受到培训，能够胜任设备的操作和使用工作，尤其是本船的无线电设备。

②负责遇险通信的人员要向全部船员介绍如何正确使用 GMDSS 设备发射遇险报警。

③把如何使用 GMDSS 应急设备作为"弃船训练"内容的一部分。

④GMDSS 设备的试验一定要在负责遇险通信人员的监督下进行。

⑤GMDSS 设备的试验或者训练要防止误发遇险报警。

⑥新启用的卫星 EPIRB 识别码要在当天的 24 小时内正确登记在数据库中，或者自动地提供到搜救当局。船长应证实 EPIRB 的信息已经登记在数据库中。及时登记将有助于在搜救行动中识别遇险船舶，迅速获得其他有利于救助的信息。

⑦在船东、船名和船籍国等有关船舶的信息改变时，应立即更新 EPIRB、Inmarsat 和 DSC 设备的登记，或者将船舶的新数据重新编程输入到有关的 GMDSS 设备中。

⑧新船的 EPIRB 的安装位置在船舶设计和建造的初级阶段就应考虑。

⑨根据设备安装说明书由有技术资格的工程技术人员认真小心地安装卫星 EPIRB。有时因不适当的处理或者安装，会造成卫星 EPIRB 的损坏。应将卫星 EPIRB 安装在一个在船舶下沉时能自由浮起和自动启动的位置，并且不会被偶然启动。在改变识别码或者更换电池时，要严格按照设备说明书的要求进行。注意 EPIRB 的系绳仅用于幸存者将 EPIRB 固定在救生艇筏上，或者落水者牵引 EPIRB 用，但是如果系绳系到船上，会影响 EPIRB 的自由浮起。

⑩遇险船能够立即得到救助的情况下，不要启动 EPIRB。EPIRB 主要在遇险船不能用其他方式获得救助的情况下使用，以向搜救部门提供位置信息和归航信号。

⑪在发生误报警后，船舶应用可能的手段与有关 RCC 通信，以取消误报警。

⑫在紧急情况使用 EPIRB 后，如果可能，应恢复 EPIRB，解除报警。

⑬在 EPIRB 被损坏、报废、处理或者其他原因不再使用时，应除去电

池，或者送回制造商，或者粉碎，以确保卫星 EPIRB 不工作。注意：如果要将 EPIRB 送回制造商，应将 EPIRB 包装在箔金属筒内，以防止运输期间发射信号。

防止误报警及对误报警的处理应引起所有操作 GMDSS 设备有关人员的高度重视，在后续的教材章节中还将针对各种设备的正确操作进一步加以说明。

第三节　紧急和安全通信

一、紧急呼叫与紧急通信程序

紧急通信是指呼叫电台发送一份关于船舶及其人员安全的十分紧急的信息的通信。例如，船员或旅客重大疾病或严重受伤、船舶搁浅、机器严重故障或失控、气象突变、紧急台风警告和紧急航行警告等紧急情况。紧急呼叫和紧急通信应由船舶负责人或者海岸电台和地面站负责人批准后，才能发送。

紧急信号由读作法语的"PAN PAN"一次组成，紧急通信的优先等级仅次于遇险通信。紧急通信使用遇险和安全频率。

紧急呼叫和紧急通信一般要求附近船舶或陆上有关部门采取必要的紧急措施，为遇到紧急情况的船舶或其人员提供有关援助。

当海岸电台或船舶进行紧急通信时，一般先用 DSC 方式，在一个或者多个 DSC 遇险和安全频率上发送一个 DSC 紧急呼叫。可以采用所有电台呼叫、或海区呼叫、或是群呼，如果呼叫海岸电台一般使用单台呼叫，并约定随后工作方式和工作频率。然后在约定的工作方式和工作频率上进行紧急通信。紧急通信频率可在无线电话或无线电传的遇险安全频率上进行，但不能干扰遇险通信，也可在其他适当的频率上进行紧急通信。

当已经发出的要求收到电台采取行动并提供援助的紧急信息，如果发送该紧急信息的电台已不再需要帮助时，也立即在原通信频率上发布注销紧急通信的通告。

当船舶有船员或旅客遇有严重疾病或者严重受伤，需要岸上提供医疗援助时，可使用其他通信方式进行通信。例如，可以使用无线电传的 ARQ 方式呼叫开放医疗指导业务的海岸电台，双方建立通信后，使用操作指令 MED＋，可直接连接到与该岸台指定的医疗指导专家。当然，也可使用组合电台电话、或 Inmarsat 移动终端使用电话、或电传请求医疗指导。

（一）无线电话紧急通信格式

——PAN PAN，PAN PAN，PAN PAN

——ALL STATIONS，ALL STATIONS，ALL STATIONS（或某一指定电台的名称、呼号或识别），三次；

——This is（如语言困难，用 DE 读作 DELTA ECHO）字样一次；

——发送紧急信息的电台的名称、呼号或其他识别，三次；

——紧急信息。

例如：

PAN PAN，PAN PAN，PAN PAN

ALL STATIONS，ALL STATIONS，ALL STATIONS

THIS IS M/V PACIFIC，PACIFIC，PACIFIC

MY MAIN ENGINE IS FAILURE SHIP IS UNDER CONTROL AT-POSN 3322N12611E AT 051200UTC. SHIPS IN VICINITY PLEASE TAKE A SHARP LOOKOUT AND PAY ATTENTION TP AVOID.

（二）无线电传紧急通信格式

——PAN PAN，一次；

——ALL STATIONS（或某一指定电台的名称、呼号或其他识别），一次；

——DE（或 THIS IS），一次；

——发送紧急信息的电台的名称、呼号或其他识别，一次；

——紧急信息。

（三）无线电话取消紧急通信的格式

——ALL STATIONS 或对某指定电台的名称、呼号或识别，三次；

——THIS IS（如语言困难时，用 DE，读作 DELTA ECHO）一次；

——发送取消紧急信息的电台的名称、呼号或识别，三次；

——Cancel my Urgency Signal；

——取消该紧急信息的电台的名称和呼号以及日期时间。

（四）无线电传取消紧急信息的格式

——ALL STATIONS 或对某指定电台的名称、呼号或识别，一次；

——THIS IS（如语言困难时，用 DE，读作 DELTA ECHO）一次；

——发送取消紧急信息的电台的名称、呼号或识别，一次；

——Cancel my Urgency Signal；

——取消该紧急信息的电台的名称和呼号以及日期时间。

二、安全呼叫和安全通信程序

安全通信是指呼叫电台发送重要的气象警告或航行警告等有关航行安全的信息。船舶在航行中发现危及船舶航行安全的危险船舶残骸，或者本船主机发生故障、失控漂流等，需告知其他船舶注意，这类通信也属于安全通信。

安全呼叫和安全通信应由船舶负责人或者海岸电台和地面站负责人批准后，才能发送。

安全信号由"SECURITE"一次组成，读作法语的"SAY-CURE-TAY"。安全通信的优先等级低于遇险通信和紧急通信，但高于常规通信。安全呼叫和安全通信在遇险和安全频率上进行，但不能干扰遇险通信和紧急通信。

（一）安全呼叫和安全通信

建立安全通信联系首先要进行安全呼叫，安全呼叫有 DSC 安全呼叫和无线电话安全呼叫，后者多用于 VHF 波段的安全通信。

1. DSC 安全呼叫以及随后的安全通信

当船舶电台或海岸电台临时有关航行安全信息需立即播发时，优先等级可选择"安全"，用 DSC 方式呼叫同紧急呼叫方式。后续通信频率可在无线电话或无线电传的遇险安全频率上进行，但不能干扰遇险通信和紧急通信。当然，也可在其他适当的频率上进行后续安全通信。

对于要求船舶采取相应措施的安全呼叫和安全信息，当情况解除时的处理同紧急呼叫的注销过程。

凡收听到 DSC 安全呼叫，或者用无线电话方式播发安全信号的所有电台，应认真收听安全报告，直至确信与本船无关为止。若接收到与本船航行有关的安全信息，应及时报告船长或者有关甲板值班高级船员，并采取相应措施，以保证船舶安全。

MF 波段 DSC 安全呼叫举例：

FORMAT：ALL SHIP	呼叫类型：所有船呼叫
CATEGORY：SAFETY	优先等级：安全
SELF ID：413257000	本台识别码
TELECOM 1：FEC	后续通信类型：FEC
TELECOM 2：NO INFORMATION	无信息

WORK T/R：02174.5kHz/02174.5kHz

EOS：EOS   序列结束符

CALL T/R（KHz）：02187.5/02187.5 DSC 呼叫频率

MF 波段 DSC 测试呼叫举例（以 JRC 设备为例）：

FORMAT：INDIVIDUAL   呼叫类型：单台呼叫

PARTY ID：004122100   被叫台识别：例如上海海岸电台

CATEGORY：SAFETY   优先等级：安全

SELF ID：413257000   本台识别码

TELECOM 1：TEST   遥指令：TEST

TELECOM 2：NO INFORMATION   无信息

WORK T/R：NONE/NONE

EOS：RQ   序列结束符：请求收妥确认

CALL T/R（KHz）：02187.5/02187.5 DSC 呼叫频率

VHF 波段 DSC 安全呼叫举例：

FORMAT：ALL SHIP   呼叫类型：所有船呼叫

CATEGORY：SAFETY   优先等级：安全

SELF ID：413257000   本台识别码

TELECOM 1：G3E SIMP TEL   后续通信类型

TELECOM 2：NO INFORMATION   无信息

WORK T/R：06   后续通信信道 VHF CH13

EOS：EOS   序列结束符

CALL T/R：70   DSC 呼叫信道

DSC 测试电文应该向某一海岸电台发射，并由海岸电台收妥，优先等级应是"安全"，要注意对这类呼叫记录的保存，便于 PSC 检查用。这类呼叫可以在 2187.5kHz 或其他 DSC 遇险和安全频率上发射，但应尽量避免这类发射。在 VHF CH70 信道上不进行 TEST DSC 的发射。

DSC 安全呼叫之后的安全通信，可冠以安全信号。在进行安全信息播发和安全通信时，可以使用安全信号，以标明后面的信息是有关船舶航行安全的重要信息。

①当使用无线电话方式广播海上安全信息时，建议使用下列格式：

—— "SECURITE"，三次；

——ALL STATIONS，ALL STATIONS，ALL STATIONS 或对某一

指定的被呼叫电台的名称或识别，三次；

——This is（如有语言困难，用 DE 读作 DELTA ECHO）一次；

——发送安全信息的电台的识别，三次；

——安全信息内容；

——交发安全信息的陆地单位或船舶电台的名称和日期时间。

②安全信息通常采用无线电传的广播式（FEC 方式）播发。如果对某一指定电台，可以采用无线电传的自动请求重复（ARQ）方式播发。电文开头同样可以冠以安全信息标志"SECURITE"，以引起注意。

例如，"PACIFIC"轮航行途中主机突然故障，漂流修理，为引起其他船注意，可以在 MF 2187.5kHz 上发一个 DSC 安全呼叫，标明随后通信方式 FEC 和发射频率。可以在无线电传遇险安全频率上进行安全通信，但要确保不干扰遇险或紧急通信；也可约定在其他的频率上进行安全通信。

安全通告电文实例：

SECURITE

TO ALL SHIP STATIONS

OUR SHIP MAIN ENGINE OUT OF ORDER AT 0145UTC/15TH POSN 3245N 12350E NOW REPAIRING AND DRIFTING SHIPS IN VICINITY PLS PAY ATTENTION AND KEEP CLEAR FROM ME THANKS.

MASTER OF M/VPACIFIC 0200UTC/15TH MAY 2015

当然，也可以在 VHF CH70 播发一个 DSC 安全呼叫，约定一个 VHF 单工电话信道，然后在约定的信道上用无线电话方式播发安全信息。

（二）VHF 波段无线电话安全呼叫和安全通信

船舶间航行安全通信又称驾驶台对驾驶台通信（Bridge-to-Bridge），是指船与船之间有关船舶间航行安全而进行的 VHF 无线电话通信。这一通信应首先使用 VHF 13 信道（频率为 156.650 MHz）。

目前我国规定 VHF CH06（156.3 MHz）为船舶间的导航、避让等保障航行安全的通信信道。对 VHF 波段的安全呼叫和安全通信有如下要求：

①按照要求航行船舶 24h 开启 VHF，并值守在 VHF CH16。因此，船舶间经常在 VHF CH16 上就船舶的安全航行问题进行通话。船舶应注意收听，特别是在雾天和繁忙航区更要加强值守。

②通话要简明扼要。每次通话结束，应将通话内容，包括有关导航、避

让、抛锚、避风或防台商定的重点及时间、地点、船名或单位等记录在 VHF 记录簿中。在 VHF CH6 上一般只允许讲与航行避让和导航有关的用语。

③船舶遇雾航行，在启用雷达的同时，应注意守听 VHF CH 16；进出港口时使用 VHF CH 6 守听附近船舶动态，必要时应播发自己的船舶动态。从雷达显示器上发现来船回波时，首先应判明来船的方向，是否与本船有碰撞危险，若有碰撞危险可按通话程序识别来船和洽商避让办法和措施。为引起来船注意，可以每隔 5min 或更短的时间间隔播发自己的船位、航向和航速。当雷达荧光屏上出现两个或两个以上的回波且与本船可能有碰撞的危险时，应特别注意互相识别。当识别无误时，再交换情况，按先急后缓的顺序分别协商避让的措施。

④船舶在进出港、相互对遇、横交或追越时，均应在 VHF CH 6 上播发或交换船位、航向及双向操作意图，以辅助声号和弥补雷达的观测不足。

⑤凡在港区航行的船舶，均应启用无线电话的 VHF CH 6 上守听邻近船舶的动态。如有急事需与有关单位联系时，可改至有关话台开放信道上进行呼叫，待工作完毕后即应改回 CH 6 上守听，直到驶离港口或锚泊为止。

⑥船舶在港区航道上发现灯浮熄灭、移位或有障碍物，无论是否影响本船航行安全，均应使用 VHF 报告海事主管部门或通告其他船舶注意。

⑦船舶在港湾锚地避风抗台时，当风力达到 6 级以上，除加强与当地港口联系外，应在 VHF CH 6 上保持连续守听，注意周围附近船舶的动向。

⑧一旦发现本船或他船走锚、移位需要救援时，应立即与当地海事主管部门及有关船舶取得联系，以便及早得到援助。

（三）安全呼叫和通话方式

1. 呼叫格式

——被呼船名，二次；

——我是……船，二次；

——本船船位（在海上用经纬度，内河或港区用航标真方位或地名），二次；

——航向和航速，二次；

——观察到目标方位询问对方意图或通告本船意图，二次；

——请回答。

2. 回答格式

——被呼船名，二次；

——我是……船，二次；

——听到你的呼叫，二次；

——本船船位（在海上用经纬度，内河或港区用航标真方位或地名），二次；

——航向和航速，二次；

——行驶意图和要求对方注意事项，二次；

——请回答。

3. 结束联络格式

——被呼船名，二次；

——我是……船，二次；

——谢谢你的合作，再见。

4. 如果不知道对方船名，可按下列顺序呼叫：

——被呼船标志，二次；

——我是……船，二次；

——本船船位（在海上用经纬度，内河或港区用航标真方位或地名），二次；

——航向和航速，二次；

——观察到目标方位，二次；

——行驶意图和要求对方注意事项，二次；

——请回答或请告知你船船名，二次。

（四）安全通话注意事项

①船舶进出港口或在港口防台时，应加强与港口的联系，按时守听有关岸台的通话表。

②联络时应注意先与本船附近水域的船舶通话，听到有两艘以上船舶同时呼叫时，应先回答最近的或有碰撞危险的船舶。

③当不能肯定是对本船的呼叫时，暂不应回答，但应立即播发自己的船位、航向、航速及船名。

④船舶在近距离通话时，应使用低功率发送，以减少干扰，避免通信的堵塞。

第四节　GMDSS 定位与寻位系统

GMDSS 的定位与寻位系统由应急无线电示位标（Emergency Position

Indicating Radio Beacon，EPIRB）和搜救雷达应答器（Search And Rescue Radar Transponder，SART）组成。

GMDSS 中的 EPIRB 具有遇险报警、定位、识别功能。

船舶遇险时，EPIRB 可人工或自动启动。当船舶下沉到水下 1.5～4m 处时，在水的压力下，静水压力释放器被打开，EPIRB 自动起浮到水面并自动开启，或通过人工开启发射开关，发出包括本船识别码在内的遇险报警信息，然后通过陆上公众交换网或专用线路通知任务控制中心和有关的搜救协调中心 RCC，完成船对岸的遇险报警。

在 GMDSS 系统中，遇险船可利用各种手段进行遇险报警，并告知遇险船的位置。但是由于海流、风向及其他因素，遇险船舶或幸存者的位置可能发生很大变化。如果遇上恶劣海况、浓雾或黑夜，现场搜救幸存者的工作难度很大。

SART 是用来确定遇难船舶、救生艇及幸存者位置的主要方式，为 GMDSS 的寻位设备。EPIRB 或其他 GMDSS 遇险报警设备发出遇险后，需人工开启 SART 开关，以使搜救飞机或搜救船舶尽快地搜寻到遇险者，并可让持有 SART 的幸存者知道是否有救助飞机或救助船舶在靠近他们。SART 是遇险现场使用的设备，是搜救部门对遇险船舶或其救生艇筏进行寻位的主要手段。便携式 SART 可在船上使用，或在救生艇筏上使用。

海上示位标很多，如灯塔、航标等。无线电示位标是一种靠发射无线电信号来确定位置的，卫星应急示位标是无线电应急示位标的一种特殊类型，其无线电信号是靠卫星中继，在紧急情况下，可自动或人工启动示位标发出报警信号，经过卫星转发到地面接收站，最后送到救助协调中心（RCC），由 RCC 组织搜救工作。

在 GMDSS 系统中原有三种示位标，即 406MHz EPIRB、1.6GHz EPIRB 和 VHF 频段 CH70 EPIRB。406MHz EPIRB 是 COSPAS/SARSAT 系统的船上终端设备；1.6GHz EPIRB 是 Inmarsat 系统的船上终端设备；VHF 频段 CH70 EPIRB 可作为仅航行在 A1 海区船舶配备的示位标设备。实际上，Inmarsat 系统早在 2006 年就已经停止系统中对于 1.6GHz EPIRB 的服务，VHF 频段 CH70 EPIRB 没有厂商生产，极个别厂商把它与 COSPAS/SARSAT 系统示位标组合在一起。因此，目前 GMDSS 系统中的无线电应急示位标只有 COSPAS/SARSAT 系统中的一种，即 S-EPIRB。

我国船检要求仅航行在 A1 海区的船舶，可任选上述三种 EPIRB 的一种作为基本配备；航行在 A1、A2、A3 海区的船舶，可配备 406MHz EPIRB 或者 1.6GHz EPIRB；航行在 A1、A2、A3、A4 海区的船舶，只可配备 406MHz EPIRB。从 1993 年 8 月 1 日起，所有船舶已按要求配备了 EPRIB。

国际搜救卫星系统（COSPAS/SARSAT 系统）

COSPAS/SARSAT 系统是由加拿大、法国、美国和前苏联联合开发的全球性卫星搜救系统，它是国际海事卫星组织推行的全球海上遇险与安全系统的重要组成部分。该系统为全球包括极区在内的海上、陆上和空中提供遇险报警及定位服务，以使遇险者得到及时有效的救助。COSPAS/SARSAT 全球卫星搜救系统已成功地应用于世界范围内大量的遇险搜救行动中。据统计，自 1981 年 COSPAS/SARSAT 系统成立以来 30 多年的搜救行动中，成果地使近 2 万名遇险人员安全脱险。国际海事组织在 SOLAS 中明确规定：所有 300GT 以上的船舶必须按照要求装备遇险定位与搜救设备。全球卫星搜救系统以其可靠、方便、免费使用等优点赢得了人们的青睐，该系统不仅广泛地应用于航海领域，而且也对航空用户和陆地用户提供全球性的卫星搜救服务。

目前，我国大多数远洋船舶配备的是 COSPAS/SARSAT 系统的 EPIRB。因此，我们重点介绍 COSPAS/SARSAT 系统的组成、功能、安装要求以及在我国船上配备的几种型号 EPIRB 的操作使用。

（一）COSPAS/SARSAT 系统的组成及其功能

COSPAS/SARSAT 全球卫星搜救系统由遇险示位标、空间段和地面分系统三大部分构成，见图 6-3 所示。

1. 示位标

应急示位标是一台可以完全独立工作的全自动发信机，示位标有三种类型：航空用紧急示位发射机（Emergency Locator Transmitter，ELT）、船用紧急无线电示位标（Emergency Position Indication Radiobeacon，EPIRB）和陆上个人示位标（Personal Locator Beacon，PLB）。信标的发射频是 406MHz。目前信标也有双频和三频发射机，其中 121.5/243MHz 频率信号主要用于引航信号（Homing），供搜救航空器定位。

（1）406MHz EPIRB 性能指标　EPIRB 启动后，每 50s 为一周期发送一个时间为 0.5s、输出功率为 5W 的含有数字编码信息的射频脉冲信号。发

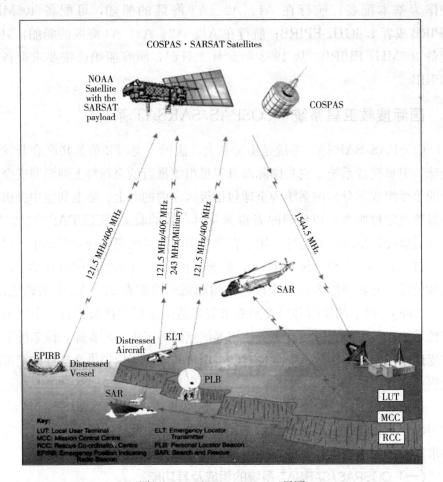

图6-3　COSPAS/SARSAT卫星图

射停止不超过45s。温度冲击是指在30℃温差范围内，容许信标15min内性能下降，但15min后各项指标应恢复到标准值。信标采用一次性锂电池，电池的工作时间至少48h。自浮式支架上的静水压力释放器使用年限为2年。

（2）启动方式　EPIRB的启动方式分为三种：人工启动、自动启动和遥控启动。

人工启动是由无线电操作员人工启动示位标，使示位标发送遇险报警信息。

（3）控制开关　控制开关的作用是当卫星应急示位标在机座或机盒里时，控制开关断开，卫星应急示位标不发送信号。当卫星应急示位标脱离机座或机盒时，控制开关起作用，卫星应急示位标可以发送报警信号。目前常用控制开关主要有海水水敏开关、磁性控制开关和水银开关。

2. 空间段

空间段是由两部分组成，即静止卫星系统（GEOSAR）和近极轨道卫星（LEOSAR）系统，在轨的卫星数目并不固定，目前 LEOSAR 系统共有 6 颗低极轨道卫星在工作，以后逐步增加到 13 颗左右。由于低极轨道卫星（LEOSAR）系统覆盖的区域较小，大概为 6 000km² 的圆形区域，如果没有足够数量的卫星，卫星应急示位标发出信号时不一定能被卫星接收到。截至 2011 年 GEOSAR 系统共有 5 颗静止轨道卫星在轨运行。由于 GEOSAR 系统在地球同步轨道上运行，可以实现南北纬 70°以内区域的全球覆盖，保证了对卫星应急示位标发送信号的可靠接收。

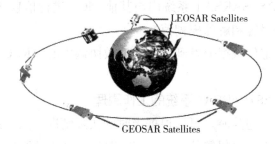

图 6-4　COSPAS/SARSAT 系统卫星示意图

空间段的主要任务是对卫星应急示位标发出的报警信号进行变频、存储和转发等处理，然后送到本地用户接收终端（LUT）。

3. 本地用户接收终端

本地用户接收终端（Local User Terminal，LUT）实际上就是系统的地面接收站，目前有两种类型：一是近极轨道卫星本地用户终端（LEO-LUT），另一个是静止轨道卫星的本地用户终端（GEOLUT），他们各自工作在相应的空间部分。

本地用户终端的作用是：跟踪搜救卫星并接收卫星转发下来的遇险卫星应急示位信标的信号和数据，进行信号的处理，然后解码和运算，计算出卫星应急示位标识别信息和位置数据，并把这些信息送给任务控制中心（MCC）。由于静止轨道卫星和卫星应急示位标之间相对静止，系统无法通过计算获得卫星应急示位标的位置信息，只能通过卫星应急示位标中的 GPS 信息提供获得。同时本地用户终端的另一项主要功能是实时修正其跟踪卫星的轨道参数，以实现对卫星的控制。

4. 任务控制中心

任务控制中心（Mission Control Centre，MCC）必须和本地用户接收终端（LUT）相连接，一个 MCC 至少要连接一个 LUT。任务控制中心在接收到 LUT 送来的示位标数据后，首先判断其报警位置，如果报警发生在自己的搜救服务区内，MCC 立即将报警信息发送给搜救协调中心（RCC），给出卫星应急示位标的位置信息和登记信息。如果报警位置在自己的搜救服务区以外，MCC 将向离卫星应急示位标最近的 MCC 转发报警信息，以便对遇险船实施救助行动。目前全球 MCC 的数量大概 30 个。

任务控制中心（MCC）的主要作用是：

①收集、整理、储存和分类从 LUT 与其他 MCC 送来的数据；

②在 COSPAS/SARSAT 系统内与其他 MCC 进行信息交换；

③过滤虚假报警和解除模糊值；

④把报警和定位数据分发到有关的搜救协调中心（RCC）或搜救协调点（SPOC）。

（二）COSPAS/SARSAT 系统的工作原理

当船舶在海上遇险时，可以根据当时的实际情况，人工或自动地启动卫星应急示位标发出遇险报警信号，由 COSPAS/SARSAT 近极轨道卫星中继转发给本地用户终端（LUT）。由 LUT 提取示位标位置数据，然后经任务控制中心（MCC）将遇险报警信息送交给某一国家的救助协调中心（RCC）或搜救机构，开始搜救行动。

COSPAS/SARSAT 系统采用多普勒频移定位。卫星应急示位标位置的确定是靠检测卫星和卫星应急示位标存在的相对运动，而使接收信号产生多普勒频移的大小来确定。多普勒频移的大小与卫星和示位标当时的相对位置有关，因为卫星某一时刻的位置是已知的，这样就能计算出示位标的位置。这种方法得到的是两个位置，一个是真实的示位标的位置信息，另一个是相对于卫星投影到地面上的运行轨迹的真实船位的镜像船位，计算机再根据地球的自转参数，消除镜像船位，求得真实船位信息。

按目前在轨卫星的数量及其工作情况，在中纬度地区，两颗卫星飞越过同一地区的时间间隔大概在 1h 之内，在赤道地区附近，最长可达 1.5h。从地面来看，一颗卫星的飞过时间为 10～15min，所以对遇险船来说，存在一定的等待时间。由于目前地面上 LUT 的设置有限，只有当遇险船和 LUT 处在同一颗卫星共视区内时才能实现报警，其他地区会出现一定的延迟，最大延迟可达 1.5h。所以，目前 COSPAS/SARSAT 系统已经开始采用静止卫星系统（GEOSAR）的同步卫星，实现对卫星应急示位标的实时转发，以消除卫星的等待时间，保证卫星应急示位标报警信号的有效接收。

COSPAS/SARSAT 系统工作模式有两种。

（1）实时模式 又称本地工作模式，当 LUT 和示位标同时处于某颗卫星共视区内时，卫星接收 406MHz EPIRB 示位标的报警信号后，先对信号进行一定的处理，再实时转发给卫星共视区内的 LUT。

（2）存储转发模式 又称全球覆盖工作模式，当 LUT 和示位标不同时处于某颗卫星的共视区内时，卫星接收 406MHz EPIRB 示位标的信号，一方面实时转发报警信号，同时又把报警信号存储在卫星上，等到一个 LUT 出现在卫星覆盖区内时，再转发给卫星覆盖区内的该 LUT，以实施报警。

第五节 搜救雷达应答器设备

按 SOLAS 公约 1988 年修正案第三和第四章的规定，所有客船和 500GT 及其以上的货船应配备两只 9GHz 的搜救雷达应答器（SART）。500GT 以下的货船至少应配备一只搜救雷达应答器。目前船舶还可以配备 AIS-SART。

一、SART 的作用

搜救雷达应答器（Search Aid Radar Transponder，SART）工作于 9GHz（频率为 9300～9500MHz），和 9GHz（X 波段）导航雷达组成定位系统，用途是为了向航行在其附近的其他船舶或直升机显示出遇险船舶或幸存者的位置。

搜救雷达应答器的有效作用距离主要与其安装高度和搜救雷达的天线高度有关。通常情况下，如果 SART 离海面 1.5m。雷达天线高度离海面 15m 以上时，搜救船舶至少在 5n mile 处可检测到 SART 信号，也就是 SART 的有效作用距离。飞行高度为 914m（约 3 000ft）的搜救飞机能在 40n mile 处检测到 SART 信号。按 IMO 建议，SART 的性能标准为，当 SART 安装在离海平面 1m 以上时、搜救雷达天线高 15m 时，能达到至少 5n mile 的探测距离。

二、SART 的工作原理

SART 可以安装在船舶的左右舷或救生艇上，可方便遇险幸存者携带，通常安装在船舶驾驶台内两侧。当发生海难事故时，应将其带到救生艇筏上，并打开 SART 的电源开关，SART 开启后首先处于待命状态，只发不收。当 SART 被 9GHz 雷达触发时，SART 立即进入应答状态，既发也收。发射的回波信号在救助雷达荧光屏上，能沿显示出同一方向的 12 个等距光点，离雷达荧光屏中心最近的一点即为 SART 的位置，见图 6-5 所示。12 个亮点的大约距离是 8n mile。在距 SART 1n mile 时，雷达荧光屏上的光点变为 12 条弧线。如果 SART 离雷达小于 500m 时，雷达上的 SART 信号显示为同心圆。

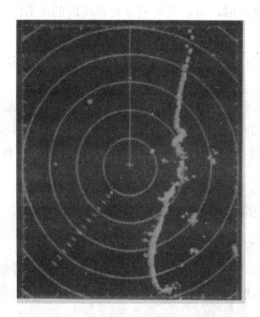

图 6-5　雷达接收到 SART 信号图例

SART 还必须设有声和光指示，以便幸存者可以通过声和光的变化判断 SART 信号有没有被导航雷达所接收，判断有没有被获救的可能。如有些 SART 在其待命状态，指示灯为闪光 0.5s、停 1.5s 周期闪烁；收到雷达触发信号后，闪光指示灯闪光加快，闪 0.5s、停 0.5s。同时声响装置在待命状态无声响，收到雷达触发信号后有声响，随着救助雷达逐渐驶近遇险船，声响周期渐短，直至连续声响，此时表明救助船舶已经位于遇险船附近。

三、SART 的技术性能

1. 对电池的要求

SART 是使用一次性锂电池供电工作的。要求 SART 的电池容量应能使 SART 在待命状态工作 96h，触发后还能继续工作 8h，电池有效期 4 年

2. 其他要求

①频率范围：9200～9500MHz。

②有效全向辐射功率（EIRP）：大于 400mW。

③有效接收灵敏度：优于－50dBmW。

④恢复时间：在 10ms 以内。

⑤响应延迟时间：小于 0.5ms。

⑥工作温度范围：－30℃～＋65℃贮存。

　　　　　　　　－20℃～＋55℃工作。

⑦应能人工启动和关闭，也能在紧急时自动启动；能提供待命状态的指示。

⑧能从 20m 高落入水中不损坏；在 10m 深水处至少应能保持 5min 不进水；在浸入水中条件下，受到 45℃热冲击应仍能保持水密。

⑨单独落入水中，能自动正向立起，指示灯在上面；应有一根与 SART 连接的浮动绳索，以提供遇难幸存者系在身上使用。

⑩长期暴露在阳光下及在风雨浸蚀下，技术指标不应降低，并应能抗海水和油的浸蚀。

⑪所有表面应呈可见度高的橘黄色；外围构造平滑，以防止损伤救生筏和遇难幸存者。

第七章　特别业务

第一节　世界常用报时信号

报时时间信号是由各国的天文台、国家物理实验室或其他时间信号源提供，并通过指定的海岸电台或天文台发送。

按国际相关规定，船舶无线电通信人员应在开航前对时一次，航行途中每天对时一次以校对天文钟，便于确定准确的船位而进行测天时使用。有关提供报时信号的海岸电台或天文台的资料可以查阅《无线电信号书》第二卷。

一、报时信号的种类

世界上播发的报时信号种类主要有以下六种：

1. 新国际式报时信号

该报时信号共播发 3min

$57'00''$—$50''$为每 10s 发一个"X"信号；$50''$—$55''$间隙无信号；$55''$—$60''$为六个点，最后一点开始为正分。

$58'00''$—$50''$为每 10s 发一个"N"信号；$50''$—$55''$间隙无信号；$55''$—$60''$为六个点，最后一点开始为正分。

$59'00''$—$50''$为每 10s 发一个"G"信号；$50''$—$55''$间隙无信号；$55''$—$60''$为六个点，最后一点开始为整点。

2. 老国际式报时信号

与新国际式基本相似，也为 3min 的播发时间。3min 的前 55s 与新国际式完全相同，$55''$—$60''$为三个划，最后一划的结束为正分，最后 1min 的最后一划为整点。

3. 英国式报时信号（又称平时式）

发 5min，每分钟先发 0.1s 的短点 59 个，最后为 0.4s 的短划，短划的开始为整分，第 5min 的划的开始为整点。

4. 国际韵律式报时信号（又称科学式）

该报时信号历时 5min，基本上与英国式报时信号相同。5min 发 306 个信号。其中第 1、62、123、184、245 和 306 个信号为 0.4s 的短划，随以 0.1s 短点 60 个。第 1、62、123、184、245 个信号为整分信号，第 306 个信号为整点对时信号。

5. 美国式报时信号

该报时信号播发 5min，基本上以每秒一个 0.1s 短点和最后整点信号为 0.6s 的划，划的开始为整点。另外，在每分钟的若干秒有些间隙无信号。

6. 英国广播式报时信号

为一般广播电台或电视台所采用的报时信号。整点前 6s 发六个信号，前五个为 0.1s 短点，整点为 0.5s 的划，划的开始为整点（点为"滴"，划为"嘟"）。

二、我国报时信号发播台

1. 上海海岸电台

上海天文台通过上海海岸电台每天发播报时信号两次。

呼号：XSG

时间：$10.57' — 11.00'$，$16.57' — 17.00'$（北京时间）

报时信号方式：新国际式

2. 西安天文台

西安天文台位于陕西省蒲城，准确位置：$35°00'N$，$109°31'E$。

呼号：BPM

频率和时间：2500kHz，0730UTC-0100UTC

5000kHz 和 10000kHz，H24

15000kHz，0100UTC-0900UTC

报时信号方式：英国式和国际韵律式

三、对时注意事项

①校队天文钟时，除校对秒针和分针外，时针也要校对。为确保天文钟的准确性，一般应在开航前两天开始校对。

②目前船舶都安装了 GPS，也应校对天文钟，以免一旦 GPS 发生故障，

船舶没有准确的时钟。

③航行国内沿海和东南亚一带的船舶可以收听上海海岸电台和西安天文台播发的报时信号。航行其他海区的船舶可使用《无线电信号书》第二卷查阅相关播发台的资料。

第二节　船位报告系统

IMO 于 1997 年 11 月 27 日通过了 A. 851（20）号决议：即《船舶报告系统和船舶报告要求的一般原则，包括涉及危险货物、有害物质和/或海洋污染物的事故报告指南》，并以此替代 A. 648（16）号决议。

一、船舶报告系统和船舶报告要求的一般原则

船舶报告系统和报告要求习惯于通过无线电报告提供、收集或交换信息。这些信息可以作为数据资料供多方使用，其中包括搜寻和救助、船舶交通服务、气象预报和防止海洋污染。如实际可行，船舶报告系统和报告要求应尽可能符合下列原则：

①报告中应仅包含达到本系统目标所必需的信息；

②报告应力求简单并使用国际标准船舶报告格式和程序；如可能存在语言通信障碍，则应使用的语言应包括英语；如可能应使用标准航海词汇或使用国际信号代码；报告次数应保持最少数量。

③报告通信应免费。

④与安全或污染有关的报告应立即做出；但为了避免影响主要的航行任务，应足够灵活地安排非紧急性报告的时间和地点。

⑤当因遇险、安全和防污染等目的的需要时，本系统所获得的信息应可供其他系统使用；船舶基本信息（船舶概况、船上设施和设备等）应报告一次，并保留在本系统中，当这些基本信息发生变化时应由船方更新。

⑥船舶报告系统和要求应规定船舶须提供有关船体、机械、设备或配员等方面的故障或缺陷，或提供有关严重影响航行的其他限制的特别报告和有关已经造成或可能造成海洋污染的特别报告。

船位报告系统是一种船舶动态信息系统，它通过收集海上船舶定期报告的船位及航行动态，对船舶的航行安全实行动态监护和管理。系统所建立的船位数据库，对实施遇险搜寻和救助也起极其重要的作用。船舶遇险时，通

过查询数据库可以缩小搜寻的范围，还可以尽快通知附近的其他船舶前往营救或援助，以提高救助效率，从而使损失减小到最低程度。

船位报告系统一般是区域性的。世界上许多沿海国家在其沿岸水域划定了所负责的搜寻救助区域，并建立了船位报告制度。各国商船在上述区域中航行时须向当地有关机构报告船位及动态。有关船位报告系统方面的各种规定，可查阅《无线电信号表》第1卷。

本书将主要介绍美国船舶互助救助系统（AMVER）、澳大利亚船位报告系统（AUSREP）和中国船舶报告系统（CHISREP）。

二、船舶自动互助救助系统（AMVER）

船舶自动互助救助系统（Automated Mutual-assistance Vessel Rescue System，AMVER）由美国海岸警卫队经营管理，是一个全球覆盖非强制加入的商船互助组织，可在世界各海域内对寻找和搜救遇险船舶提供帮助，起到十分重要的作用，有许多十分成功的案例。

它建立于1958年，是一个以计算机为基础的搜救信息系统。该系统已成功救出许多遇难船舶。它鼓励各国在海上航行的船舶通过所选的海岸电台或通过国际移动卫星系统（Inmarsat）将船舶有关航行信息定时传送给纽约的美国海岸警卫队"AMVER中心站"，中心站将这些信息储存到电子计算机里。一旦船舶遇险，电子计算机根据提供的船位信息推算出未来船舶位置。可根据需要委托搜索和救助组织（SAR）在世界各国的代理机构，请求提供及时有效的援助。

（一）AMVER 报告格式

每份报告的第一行是报告的类型。报告每一行的开始用一个行名称，行名称及一行内的不同项目用一个斜线"/"分隔，行与行之间用双斜线"//"分开。

行名称解释：

A/船舶名称/电台呼号//

B/日期和时间（UTC）//（日期和时间用6位数字加后缀Z表示，前两位是日期，后四位是小时和分钟，也可增加月份的前三个字母，如B/121200Z OCT//）

C/纬度/经度//（纬度和经度用度和分表示。如C/3115N/09043W//）

E/航向//（用三位数字表示）

F/平均速度//（用三位数表示，以海里为单位，精确到1/10，但不用小数点）

G/离开港/纬度/经度//

I/目的港/纬度/经度/预计抵达时间//

K/港口名称/纬度/经度/抵港时间//

L/航线报告//（包括航行计划的大部分信息，如采用大圆航法以"GC"表示，恒向线航法以"RL"表示，沿岸航行以"Coastal"表示）

M/当前值守的岸台或Inmarsat陆地地球站识别码/其次的岸台（如有的话）//

V/船上医务人员//（医师为MD，医助为PA，护士为NURSE，没有用NONE）

X/详细说明或备注//

Y/转发指示//

Z/报文结束识别//

（二）AMVER电报的种类

AMVER电报分为四种：航行计划报告、抵港报告、船位报告和改航报告。

1. 航行计划报告（Sailing Plan Report，SP）

在开航前两天可以发送，但不能迟于船舶开航。

（1）报类识别　AMVER/SP//；

（2）要求报告的信息　A、B、E、F、G、I、L、Z项内容；

（3）可选择报告的信息　M、V、X、Y项内容。

2. 船位报告（Position Report，PR）

船位报告应该在离港后24h之内和随后每次间隔不得超过48h内发出，直至抵港。

（1）报类识别　AMVER/PR//；

（2）要求报告的信息　A、B、C、E、F、Z项内容；

（3）可选择报告的信息　I（极力推荐）、M、X、Y项内容。

3. 抵港报告（Arrival Report，FR）

船舶在即将抵达或抵达目的港时应发送抵港报告。

（1）报类识别　AMVER/FR//；

（2）要求报告的信息　A、K、Z项内容；

（3）可选择报告的信息 X、Y（美国籍船舶需要报告Y行）项内容。

4. 改航报告（Deviation Report，DR）

改航报告用于对航行计划报告变更时或船位比航行计划报告预计误差25n mile时发出。

（1）报类识别 AMVER/DR//；

（2）要求报告的信息 A、B、C、E、F、Z项内容，如果目的港或航线改变时还包括I、L行内容；

（3）可选择报告的信息 I、L、M、X、Y项内容。

（三）AMVER报告的传递

①通过卫星或HF设备，发送EMAIL到AMVER中心站，地址是amvermsg@amver.org或amvermsg@amver.com.

②通过C移动站，发送电传到AMVER中心站，地址是：（0230）127594 AMVER NYK

③注意所有的AMVER报告应尽可能发送给参加AMVER组织的海岸电台。AMVER报告的收报人名址应是：AMVER加上海岸电台的名称，如AMVER SYDNEY、AMVER NEWYORK等。有关开放AMVER业务的海岸电台的名称与呼号、时间与频率等业务细节刊登在英版《无线电信号表》第1卷。

AMVER电报应按规定在正常值班期间内发送，但考虑到美国的有关规定，AMVER电报应在船舶到港24h以前发出，以免延误。AMVER报告发出后，应注意守听与之联络的电台。

（四）AMVER电报举例

AMVER/SP//

A/KAICHUANG /BLKB//

B/131100Z MAR//

E/145//

F/126//

G/NOVOROSSIYSK/4470N/03780E//

I/GIBRALTAR/3600N/00600W/ 160900Z MAR//

L/RL/140/4130N/02910E/132130Z//

L/GC/140/4010N/02620E/130030Z//

L/RL/140/3630N/02330E/140430Z//

L/RL/140/3650N/01520E/141630Z //

L/RL/060//

M/GKA//

V/MD//

X/NEXT REPORT140300Z//

Y/ MAREP//

Z/EOR//

三、澳大利亚船位报告系统

（一）概述

澳大利亚船位报告系统（Australian Ship Reporting System，AUSREP）建立于 1973 年，由堪培拉海上搜救协调中心控制管理。该船位报告系统由澳大利亚国会立法通过，属于强制要求加入系统，适用于如下的船舶：①航行在 AUSREP 海域的在澳大利亚注册登记的商船；②非澳大利亚船舶，从抵达澳大利亚的第一个港口直到离开澳大利亚的最后一个港口。但是鼓励船舶从进入 AUSREP 海域到离开 AUSREP 海域一直参加该系统。澳大利亚船位报告系统是为了 AUSREP 海域内船舶的航行安全而设立的，其主要目的在于：①在船舶发生遇难而没有发出遇险信号时，缩小从发现船舶失踪到开始搜救行动的时间；②缩小搜救行动的海域；③在搜救行动中，提供在该海域内其他可参与救助船舶的最新信息。

（二）AUSREP 的覆盖海域

见图 7-1 所示，大致区域为东经 75°～163°、南纬 3°到南极洲附近区域。

（三）AUSREP 电报种类

AUSREP 信息可以使用许多形式的报告，而且信息格式与 AMVER 系统的信息格式非常相似。

1. 航行计划报告

当船舶进入 AUSREP 海域或离开 AUSREP 海域的一个港口时（在其 24h 之前或在进入 AUSREP 海域或离开该海域的一个港口的 2h 内），船舶应发送航行计划报告（Sailing Plan，SP）。一旦船舶在 SP 报告中预定的启航时间 2h 内不能启航，应取消该 SP 报告并应另发一份新的 SP 报告。

非澳大利亚国籍的船舶，若其下一停靠港不是澳大利亚的港口，船长应

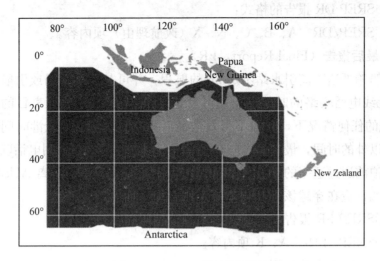

图 7-1　AUSREP 的覆盖海域图

在每天报告时间栏里用"NOREP"表明其不发送船位报告的意图。

AUSREP SP 报告的格式：

AUSREP/ SP//；

A、F、H、K、L、M、N（同意使用 Inmarsat-C polling 数据报告与查询业务或下次报告的日期和时间，如使用查询业务，不需发送船位报告，如 N/POLL//）、U（船舶类型、船长和总吨位）、V 项内容。

2. 船位报告

船位报告（Position Report，PR）应每天在 SP 报告中规定的时间发送，但第一份 PR 报告必须在 SP 报告发送以后的 24h 以内发出。船位报告的发送应直到抵港或离开 AUSREP 海域的当天。若需改变每天的报告时间，应在 PR 报告 N 项中发送出改变的时间。

抵达目的港或 AUSREP 海域的 ETA 应在航向的上一个船位报告中予以确认。

AUSREP PR 报告的格式：

AUSREP/ PR//A（船舶名称/电台呼号/IMO 识别号）、B、C、E、F、N 项内容。

3. 改航报告

任何时候船舶在上次发送的 SP 或 PR 报告中预报的船位与实际船位相差 2h 的航程，船舶必须发送改航报告（Deviation Report，DR）。

AUSREP DR 报告的格式：

AUSREP/DR//A、B、C、N、X（改航理由）项内容。

4. 最后报告（Final Report，FR）

当船舶抵达距离引水站不足 2h 的航程，并可与港口当局或引航站进行 VHF 无线电话联络的时候，船舶可发送最后报告 FR；在距离目的港超过 2h 航程的任何情况下，船舶不得发送最后报告。另外，若抵港时间为无线电值守以外的时间，最后报告应在系泊后立即发出；若无法用电话联络，则应在系泊前通过适当的海岸电台或海上通信电台发出。对驶离 AUSREP 海域的船舶，应在穿越该海域界限后发出 FR 报告。

AUSREP FR 报告格式（抵港或驶离 AUSREP 海域时）：

AUSREP/ FR// A、K 项内容。

5. AUSREP 电报举例

AUSREP/PR//

A/KAICHUANG/BLKB/8704325//B/030400UTC//C/0748S/
07940E//E/129//F/8.5//N/040400UTC//X/ETA NOW 060200UTC//Y/
PASS TO AMVER//

6. AUSREP 电报的发送

当船舶在海上航行时，AUSREP 船位报告应发往 RCC AUSTRALIA，可通过 Inmarsat-C 站，并使用业务代码 1243＋，经 Perth 岸站（X02）发送到 RCC AUSTRALIA；也可用 HF DSC 呼叫澳大利亚海上通信电台（005030001），然后用合适的无线电话频率免费传递；如用 INMARSAT-B 站，应选择 Perth 岸站（222），并输入电传号码：7162025＋。

当参加 AUSREP 船位报告系统时，船长也希望同时将船位报告传递给纽约 AMVER 中心站，应在 AUSREP 报告中的备注栏内注明，特别是在船舶驶离 AUSREP 海域发送 FR 报告时尤为重要。

（四）船舶延误报告的处理

以下是对延误报告情况下采取行动的概述，船舶延误报告的不同情形可能会导致更加急迫的行动。

①进行内部检查以核实 RCC Australia 是否收到报告。

②尝试用各种有效的通讯手段与船舶进行直接联系。

③如没有收到船位报告 PR 或抵港报告 FR，将进行通播。并与国外海岸电台、船东、代理及其他船舶进行广泛通信核查，以追寻最后看到或联络

过该船的线索和证实其是否安全。

④若延误超过 21h，播发紧急信号 PAN PAN 识别，开始部署搜寻计划。

⑤若延误超过 24h，即开始搜救行动。

参加 AUSREP 船位报告系统的船舶，应在每天规定的时间发送船位报告，并在驶离 AUSREP 海域时发送 FR 报告，这是十分重要的，因为可避免不必要的搜救行动。如违反 AUSREP 船位报告制度将会受到惩罚。

四、中国船舶报告制度

我国为《1974 年国际海上人命安全公约》和《1979 年国际海上搜寻救助公约》的缔约国，履行国际公约、保障海上人命及船舶安全是我国的国际义务，为此根据公约"各缔约国须提供海上搜寻救助服务"的要求，我国于 2002 年建立了中国船舶报告系统（China Ship Reporting system，CHISREP）。

中国船舶报告系统是一个积极有益的应急保障系统。在中国船舶报告制度区域内航行的船舶都可志愿加入系统，但系统也规定了某些船舶必须强制参加。加入中国船舶报告系统的船舶必须严格遵守《中国船舶报告系统管理规定》，并按照规范格式和有关程序发送船舶报告。中国船舶报告系统将时刻关注报告船舶的航行安全，维护海洋环境清洁。

中国船舶报告系统是一个集计算机、通信和网络技术为一体的信息系统。它具有对船舶报告的航线、船位进行自动标绘和推算、对延时未报船舶自动预警等功能。系统可提供船舶资料，为组织协调指挥船舶参与搜寻救助提供相关信息。

（一）适用船舶

①航行在中国船舶报告区域内，且航行时间超过 6h 的下列船舶：

a. 航行于国际航线 300GT 及以上的中国籍船舶；

b. 航行于中国沿海航线 1 600GT 及以上的中国籍船舶；

c. 2005 年 1 月 1 日后航行于中国沿海航线的 300GT 及以上的中国籍船舶；

②中国政府鼓励外国籍船舶和本规定以外的中国籍船舶志愿加入中国船舶报告系统。

（二）报告的区域

CHISREP 的报告区域为：其他国家领海和内水以外北纬 9°以北、东经 130°以西的海域（图 7-2）。

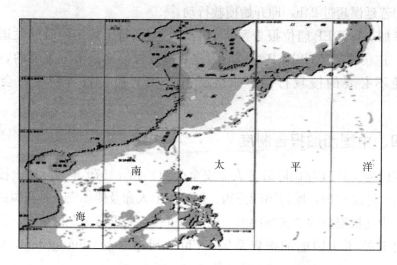

图 7-2　CHISREP 的覆盖海域图

（三）实施的目的

①在没有收到遇险信号时，缩小同船舶失去联系与开始搜救工作之间的时间间隔；

②迅速认定能被召来提供援助的船舶；

③在遇险人员、船舶的位置不明或不定时，可划定一定范围的搜寻区域；

④提供紧急医疗援助或咨询。

（四）管理机构

中国船舶报告系统是中华人民共和国海事局（交通部海事局）通过设在中华人民共和国上海海事局内的中国船舶报告管理中心进行管理。中国船舶报告管理中心是 CHISREP 的运行管理机构。

中国船舶报告管理中心地址：上海市四平路 190 号

邮政编码：200086

电话：86-21-65078144 86-21-65073273

传真：86-21-65089469

电传：85-337117 HSASC CN

船舶报告 E-mail：chisrep@shmsa. gov. cn

（五）报告的发送

船舶可通过下列方式向中国船舶报告管理中心发送船舶报告：

①窄带直接印字电报（应通过上海海岸电台发送，使用操作指令 CHIS-REP+）；

②传真或电子邮件；

③Inmarsat 系统；

④集团报。

船舶可通过 Inmarsat 系统发送电子邮件或电传。通过 Inmarsat 系统发送报告船舶的应确认其 Inmarsat 设备在任何时候都处于"LOGIN"模式。通过电子邮件发送报告时，应以"CHISREP"作为电子邮件的主题。由于某种原因不能发送船位报或最终报的船舶，可通过他船或岸上的有关机构代为报告。

（六）报告种类

CHISREP 共有四种船位报告，每一种报告都由若干个按英文字母顺序排列的报告项构成。四种 CHISREP 船位报告皆以 CHISREP 加报告的识别字母开头，以报告项 Z 为结尾。

分为：航行计划报（SP）、船位报（PR）、变更报（DR）和终止报（FR）。

（七）报告格式、内容和要求

1. 航行计划报（Sailing Plan Report，SP）

船舶在离开中国沿海港口或者从国外进入 CHISREP 区域时，应向中国船舶报告管理中心报送航行计划报。

船舶向中国船舶报告管理中心报送航行计划报（SP），须遵循以下规定：

①在进入 CHISREP 区域的划定界线前 24h 至进入后 2h 之内发送；

②在离开中国沿海港口前后 2h 之内发送。

航行计划报（SP）应包含作图的必要资料，并给予计划航线的大致情况，在预定起航时间 2h 内不能启航，应发送一份新的航行计划报（SP）。

注意：如果船上有医务人员，船舶必须将 V 项加入航行计划报中。

①从国外进入 CHISREP 区域，并停靠中国港口的航行计划报格式：

必报项：A、F、G、H、I、L、M、Z 项内容。

船舶认为必要时，可加入 E、K、N、O、S、T、U、W、X 和 Y 项内容。

②国内两个港口之间的航行计划报格式：

必报项：A、F、G、H、I、L、M、Z 项内容。

船舶认为必要时，可加入 E、K、N、O、S、T、U、W、X 和 Y 项内容。

③从中国港口驶往外国港口的航行计划报格式：

必报项：A、F、G、H、I、K、L、M、Z 项内容。

船舶认为必要时，可加入 E、N、O、S、T、U、W、X 和 Y 项内容。

④过境船（从国外某港口到国外某港口，其航线穿过 CHISREP 区域的船舶）的航行计划报格式：

必报项：A、F、G、H、I、K、L、M、Z 项内容。

船舶认为必要时，可加入 E、N、O、S、T、U、W、X 和 Y 项内容。

2. 船位报（Position Report，PR）

船舶应按照规定的时间或约定的报告时间向 CHISREP 发送船位报（PR）。第一份船位报（PR）要求在最新航行计划报后 24h 内发出，以后每隔 24h 或在每天约定时间发送，但两个报告之间的时间间隔不应超过 24h，直到抵达中国沿海港口日或驶离 CHISREP 区域界线。船舶的实际船位与计划航线推算船位前后相差 2h 的航程时，须补发变更报更新船位。船位报中的信息将被 CHISREP 用来更新该船的船舶动态。

如果在船位报前 2h 发送变更报，那么下一个船位报发送时间改为变更报后 24h。预计抵达下一港或 CHISREP 区域界线的时间应当在最后一次船位报（PR）中明确。船舶改变 ETA，可在任何一份船位报中更正。

如果船舶的航行时间小于 24h，不要求发船位报，只要在开航时发一个航行计划报（SP），在抵港时发一个最终报（FR）即可。

必报项：CHISREP PR A B C E F N Z，

船舶认为必要时，可加入 S、X 和 Y 项内容。

注意：①船舶应按规定或约定的时间发送船位报；

②船舶必须在航次最后一个船位报中明确预计抵达中国沿海港口的时间或预计离开 CHISREP 区域的时间。

3. 变更报（Deviation Report，DR）

当船舶发生下列情况时必须发送变更报（DR）：①当船舶改变其计划航

线时；②船舶的实际船位偏离计划航线超过 2h 的航程时。

必报项：A、B、C、E、I、L、Z 项内容。

船舶认为必要时，可加入 F、K、N、S、X 和 Y 项内容。

4. 终止报（Final Report，FR）

船舶在下列情况下应发送终止报：

①抵达中国沿海港口；

②船舶驶离 CHISREP 区域界线前后 2h 内。

必报项：CHISREP FR A K Z

（八）报告举例

CHISREP/SP//A/ANPING1/BPOA//F/150//G/SINGAPORE//H/080600
UTC / 0900 N /11220 E//I / SHANTOU /150800 UTC // L1/050/ 0900 N 10920
E // L 2/0501600N11250 E // M / XSG / INMARSAT C/ 441213910//Z//

（九）船舶延误报告的处理

①超过规定报告时间或约定报告时间 3h 未报的船舶，系统将对该船进行预警，中国船舶报告管理中心将对这些船舶进行处理：a. 检查中国船舶报告管理中心是否已收到船舶的报告；b. 采用有效的通信手段，直接与船舶进行联系；c. 将被列在船舶报告站通报表中进行普通呼叫，提醒他们发送报文。

②超过规定报告时间或约定报告时间 6h 未报的船舶，将被列在船舶通报表中进行一般呼叫（船舶呼号/JJJ）。

③超过规定报告时间或约定报告时间 12h 未报的船舶，将对船舶所有人、经营人、代理人及可能见过该船或与该船舶联系过的其他船舶进行查询，核实该船是否安全。

④超过规定报告时间或约定报告时间 18h 未报的船舶，将被列在船舶报告站通报表中进行紧急呼叫（船舶呼号/×××）。

⑤超过规定报告时间或约定报告时间 24h 未报的船舶，船舶报告管理中心制定搜救方案，报中国海上搜救中心，由中国海上搜救中心指定区域海上搜救中心进行搜寻救助，开始搜救行动。

第三节　海上气象信息

世界气象组织（WMO）对全球海洋气象信息的发布做出了明确的规

定，并划分了责任区域。

海上气象信息业务主要是为航行船舶提供气象预报、气象警告或海上特种气象服务。海上气象信息的发布办法与全球航行警告业务基本相同，也划分了气象服务区（METAREA），与 NAVAREA 相同，全球共 21 个区域。如图 8-3-2 所示。

各国的主管部门应指定某些海岸台（站）对其管辖区定时播发海上气象信息。同时，某些国家的广播电台和电视台也播发部分海区的海洋气象信息。

一、海上气象报告

海上气象报告一般由以下几个部分组成：

第一部分　警告（WARNING）

如大风警告、风暴警告和台风警告、雾情警告和冰况报告等。

第二部分　天气大势（General Situation）

是应用大气变化的规律，根据当前及近期的天气形势，对某一地未来一定时期内的天气状况进行预测。它是根据对卫星云图和天气图的分析，结合有关气象资料、地形和季节特点、群众经验等综合研究后作出的。如我国中央气象台的卫星云图，就是我国制造的"风云一号"气象卫星摄取的。利用卫星云图照片进行分析，能提高天气预报的准确率。

第三部分　天气预报（Weather forecast）

天气预报就时效的长短通常分为三种：短期天气预报（1～2 天）、中期天气预报（3～7 天）和长期天气预报（10～15 天以上）。

海上天气预报一般包括天气、风向和风级、海浪或涌、能见度等内容。

第四部分　天气趋势（Outlook）

天气趋势或为中长期预报，预报未来几天的天气情况。

二、海上气象传真业务

气象传真系统是传真通信的一种，在航海领域主要使用无线方式传送，以图形的方式表示天气系统，具有直观、预报时间长、预报范围广等特点。虽然船用气象传真机不是 GMDSS 系统强制要求配备的设备，但是大部分船舶出于航行安全的考虑，都安装有气象传真接收机。

气象传真机主要接收气象传真信息，按照地理位置，全世界划分为 6 个播发区域，每个区域有一定数量的播发台，但是这六个区域的划分没有航行警告区那样严格，气象传真服务也不仅仅是为海上服务的，也可以为陆上用户所使用。各气象传真播发台有一定的固定播发频率，一般气象传真机中都预先把这些频率存储好，可以按照要求进行调用，各气象传真播发台定时播发不同区域和不同内容的气象信息，船舶电台要根据航行的区域选择合适的气象信息播发台和信息种类，具体情况可以查阅《无线电信号书》第三卷或《无线电定位和特别业务电台表》。

（一）船用气象传真系统的组成及工作原理

船用气息传真系统主要利用高频频带气象传真播发气象信息，气象信息图的分辨率要求不是很高。采用单向传输方式，由部分指定的岸上气象传真播发台播发，供海上航行船舶使用气象传真接收机来接收（图7-3）。

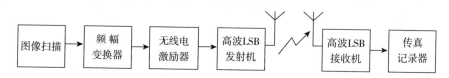

图7-3 船用气象传真系统工作流程

发射种类是 F3C，接收频率 3～24MHz。

传真信号可以由船用气象传真机直接接收，也可由 SSB 高频接收机接收，SSB 高频接收机将接收到的传真信号解调后变为音频信号送到传真接收机，再由传真接收机将音频信号转为图像信号显示。

为保证收发同步，发送端在发图像信号前先发相位信号，接收端将按接收到的相位信号，调整接收机扫描起始位置，保持与发送端同步，并能正常接收图像信号。

气象传真系统是由发送系统和接收系统两部分组成。气象传真播发台先采用电子扫描方式，将待发的气象传真图像分解成若干个小单元，然后按特定程序进行扫描，获得光信号，再通过光电转换，将气象传真原图上的不同黑白度图像变成不同的电流进行传输。然后把电信号送发射机，发射机将此电信号进行放大、调制和边带滤波等一系列的变换后，转换为高频信号通过天线发射出去。气象传真接收机把接收来的信号，送入信息处理单元进行处理，在同步信号的作用下，通过扫描和合成图像，复制出一幅与原稿完全相同的气象图。

为达到一致的同步要求，船用气象传真机通常采用同步电机作为扫描的动力源。同步电机转速的高低和稳定与否，关键在于转子的转速和稳定度。而转子的工作情况又由旋转磁场决定，而旋转磁场旋转的速度和稳定度则由供电电源的频率控制。高稳定度的电源向同步电机供电才能保证其稳定的转速。船用气象传真机一般有三种速度：60r/min、90r/min 和 120r/min。目前大部分海岸电台均使用的转速为 120r/min。

在接收端，单边带接收机将接收的下边带高频信号进行解调，还原为"黑"信号和"白"信号，将其送入传真接收机中进行处理。在气象传真接收机中，把传真纸固定在与发射端直径相同的转鼓上，转鼓按照与发射端相同的速度旋转。打印头装置在导杆上也按照发射端相同的速度左右移动。当收到黑信号时，传真接收机的信号处理单元发出命令，在传真纸上印出一个黑点，反之传真纸上空出一个白点。打印头按照控制单元的指令从左向右逐点打印，到达右端点，实现自动同步换行。打印头周而复始地工作，直至这份原稿接收完毕。

为了使收发两端自动同步，传真发送机一般在发送气象传真图之前先传送遥控信号。遥控信号包括相位同步信号、开始信号、合作系数信号（同时表明扫描线密度，也称为合作系数）和结束信号。相位信号在原稿件上表现为边缝上一条带有白色间隔的黑带。开始信号表现为边缝上的一列黑点，当其频率为 675Hz 时，表示气象传真发射机的扫描密度是 288；当其频率为 300Hz 时，表示气象传真发射机的扫描密度是 576。当气象传真接收机收到此遥控信号时，信息处理单元便启动打印机打印传真图，同时自动设置扫描密度，使之与发射方同步。结束信号是原稿件左边缝上一列黑点，其频率为 450Hz。当气象传真接收机接收到此信号时，信息处理单元将会产生控制信号，使打印单元停止打印。

相位信号指明气象传真发射机扫描信号的起始位置（即相位）。如果接收机打印头的起始位置与发布方起始位置同步，则复制出的相位信号印于传真纸的右侧；否则，相位信号将位于图的中间某位置使接收到的传真图分成两半，这是相位不同步造成的，可人工微调相位解决。

如果收发双方的转速不同（不同步），接收方也不能收到与发布方完全相同的气象传真图，接收的图像会产生重复畸变。因此，在接收海岸电台发布的气象传真之前，应正确设置气象传真接收机的转速。实际工作过程中，机器可根据上面提到的遥控信号自动设置。

除了转速和起始相位要求收发同步以外，要想接收到不失真的图像，还应正确设置传真接收机的线扫描密度（IOC Index of Cooperation 合作系数）。为了保证国际上传真机信号参数的一致性，国际气象组织（WMO）规定了两种传真机的扫描线密度标准，高密度 IOC＝576 和低密度 IOC＝288，由于转速与合作系数密切相连，实际上对于传真图来说清晰度是一样的。例如，采用 288 的合作系数，转速就采用 60r/min，唯一的区别在于传送传真图像的速度有快慢。在人工设置时，如果接收方设置的 IOC 不对，接收到的图像会压缩或者拉长，产生失真。实际上，合作系数也包含在遥控信号中，接收机自动辨别后自动设置。

（二）气象传真播发区和气象传真播发台

世界上许多国家的气象部门通过其气象传真播发台向自己认可的负责区定时地发布气象传真图。气象传真图的种类很多，其中包括地面分析图、海面图、高空图等压分析图、24h/48h/72h/96h 气象预报、海浪预报、云层、冰层、潮流、预报图、卫星云图等。船舶一般接收地面分析图，在台风季节还接收台风路径预报等传真图，船舶可以根据实际需要选择接收。

英版的《无线电信号书》第三卷列出全球播报海上安全信息和无线电气象服务的海岸电台的有关信息（包括播发信息的种类、时间和使用频率等）。其中也包括气象传真发布台的有关资料：气象播发电台的工作频率、速度和合作系数、发布的传真图种类、区域和发布时间等信息。通过《无线电信号书》第三卷的索引（INDEX OF COAST RADIO STATION），船舶用户可以查找海上气象传真播发台。

第四节　航行警告业务

一、海上安全信息概述

国际海事组织（International Maritime Organization，IMO）意识到海上安全信息对航行船舶的重要性，为此在 GMDSS 系统中专门强调了海上安全信息（Maritime Safety Information，MSI）播发和接收的功能，建立了海上安全信息播发系统，向航行在海上的船舶播发海上安全信息，以保障船舶的航行安全。

海上安全信息的定义是播发给航行船舶的航行警告、气象警告、气象预报和其他有助于海上航行船舶安全的重要海上安全信息，用以保证船舶的航行安全。

GMDSS 用于播发海上安全信息的有：国际 NAVTEX 系统和 Inmarsat EGC 系统的安全网业务（Safety Net）。此外，有些海岸电台使用 HF NBDP 和无线电话来播发 MSI。

MSI 根据信息的来源和内容可分为两类：全球航行警告业务和海上气象业务。

海上气象业务已经介绍，本节主要介绍全球航行警告业务。

二、全球航行警告业务

全球航行警告业务是由国际海事组织（IMO）和国际航道测量组织（IHO）共同协作，于 1980 年建立。为了方便船舶有选择地接收所需的信息，全球航行警告业务根据电波的传播特性和地理位置，把全球划分为 16 个航行警告区，目前已经增加到 21 个航行警告区，用 NAVAREA 加罗马数字命名，我国和日本沿海属于第 11 航行警告区 AREA XI，具体划分见图 8-4。为了方便协调，每个航行警告区专门设立一个协调国，负责收集、协调和播发所在区域的航行警告，区域内的其他国家把需要播发的信息递交给协调国，由协调国定时播发。各国还通过本国的 NAVTEX 播发台播发本国的航行警告。

国际上把航行警告按性质和涉及的范围不同，分为三种，采用不同的语言和不同的方式发送航行警告。

1. 本地警告

本地警告（Local Warning）又称港湾警告，一般是指在港区或内河水道的航行警告，主要内容为航道变化、浮标或灯塔变化或异常、大型重载船进出口、打捞工程等。一般使用 VHF 或 NAVTEX 播发，通常使用本国语言。

2. 沿海警告

沿海警告（Coastal Warning）主要用于沿海范围的航行警告，一般采用本国文字和英语使用 NAVTEX 播发，还采用 HF NBDP 补充播发，有些区域没有采用 NAVTEX 播发。沿海警告只能通过 EGC 系统播发，如澳大利亚所在的 NAVAREA X。

3. 远距离航行警告业务

远距离航行警告业务（NAVAREA Warning）又称航行警告区域警告，主要播发范围为大洋上和船舶经常经过的区域，内容为漂浮的水雷、军事演习、航标和灯塔的变化、不明漂浮物、危险船舶残骸等。一般使用英语由航行警告区协调国使用 EGC 系统的安全网业务播发。

三、NAVTEX 系统概述与工作原理

NAVTEX 系统是由海岸电台使用窄带直接印字电报技术向船舶播发航行和气象警告以及紧急信息系统，它是 GMDSS 的一个重要部分。可使船舶在海上和沿海水域自动接收航行和气象警告、气象预报等海上安全信息，播发的信息适合各种船舶，并可对所播发的电文进行有选择的接收和打印。

NAVTEX 系统的播发频率是 518kHz、490kHz 和 4209.5kHz。目前主要使用的是 518kHz，为国际 NAVTEX 业务，主要用英语广播；490kHz 主要用于除英语以外的第二种语言广播，4209.5kHz 的作用同 518kHz。

（一）NAVTEX 概况

1. NAVTEX 系统的分区

IMO 按 21 个 NAVAREA 划分 NAVTEX 区，每个区域设若干个 NAV-TEX 播发台，每个 NAVTEX 区最多可设 24 个台，以 A~Z 中的任一字母命名各个播发台，即每个区域中的每个台都采用一个唯一与之相关联的字母作为其识别码。相邻区域播发台的识别字母按首尾相连，按此顺序指配 NAVTEX 播发台字母，可避免相邻区域相同识别的 NAVTEX 播发台的干扰。每个 NAVTEX 播发区的播发台识别码可在《无线电信号书》第三、第五卷中 NAVTEX 部分或《无线电定位和特别业务电台表》中查找。

我国沿海海域位于世界航行警告 XI 区（第 11 区）。我国大陆 NAVTEX 播发台有 5 个，分别是三亚［M］、广州［N］、福州［O］、上海［Q］、大连［R］，我国香港特别行政区香港台为［L］。广州台负责台湾以南中国海域，上海台负责台湾以北中国海域，大连台负责渤海和黄海海域。

2. 分时工作方式

NAVTEX 服务区各播发台的识别，由 IMO 的有关机构根据播发台所在的地理位置按顺序分配，区与区之间的播发台的字母首尾相连，以免相互干扰。同区的每个 NAVTEX 播发台分时工作，每台每隔 4h 发送一次电文，最长间隔为 8h。每次发送的时间不得超过 10min。每个航行警告区可以分为四组，每组最多设 6 个播发台，最多设置 24 个播发台，具体工作情况见图 7-4 所示。

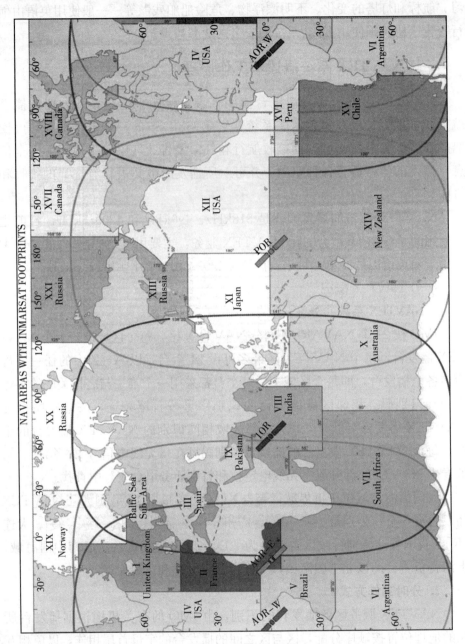

图7-4　NAVAREA/NAVTEX区域划分、协调国名称

从图7-4可以看出，每区的播发台分别在不同的时间播发，NAVTEX这种时间分配关系可避免相邻台的相互干扰。此外，尽管相邻的NAVTEX区相同识别的播发台有可能同时工作，但由于区与区间播发台命名采用首尾相连的方式，设置合理，在518kHz上不会造成相互干扰。

NAVTEX台根据电波传播的特性调整发信机功率，使其覆盖范围在400n mile以内，在覆盖范围和播发电文内容方面，各台相互协调，避免电文的重复发射和漏发。

中国开放NAVETEX业务发射台情况见表7-1。

表7-1　中国 NAVETEX 业务发射台

台名	台址	覆盖范围 （n mile）	发射台 识别（B_1）	发射时间 （UTC）	语言
大连	38°50′N 121°31′E	250	R	0250 0650 1050 1450 2250	英语
上海	31°06′N 121°32′E	250	Q	0240 0640 1040 1440 2240	英语
福州	26°01′N 119°18′E	250	O	0220 0620 1020 1420 2220	英语
广州	23°08′N 113°23′E	250	N	0210 0610 1010 1410 2210	英语
三亚	18°14′N 109°30′E	250	M	0200 0600 1000 1400 2200	英语
香港	22°13′N 114°15′E	250	L	0150 0550 1350 1750 2150	英语

3. NAVTEX 信息播发的编码技术

NAVTEX系统采用了NBDP通信技术，使用CFEC方式工作；系统采用七单元恒比码（4B/3Y码），容易检错；采用二重时间分集技术播发，可进行纠错。调制方式采用移频键控FSK方式，调制速率是100波特，移频范围是±85Hz，副载波的频率是1 700Hz。

4. NAVTEX 报文格式

在NAVTEX中，每个播发台播发NAVTEX电文的格式都相同，具体格式见图7-5所示。

具体解释为：

（1）定相信号　每个播发台在起始播发时，至少发射10s的定相信号，其作用使NAVTEX接收机与发射机同步，当一次播发两份以上的NAV-TEX电文，两份电文中间所需的定相时间仅为5s。

（2）起始信号ZCZC　出现ZCZC后，表示定相已经结束，收发双方已同步，因而ZCZC仅是NAVTEX电文的起始标志，NAVTEX接收机正确

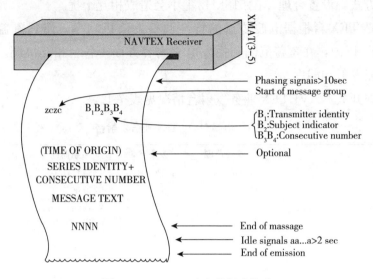

图 7-5　NAVTEX 电文的标准格式

收到 ZCZC 和技术编码 $B_1 B_2 B_3 B_4$ 后，才能启动打印。

（3）电文技术编码 $B_1 B_2 B_3 B_4$　其中：

B_1：播发台的识别字符，由字母（A～Z）组成。

B_2：表示所发电文种类，也是由字母（A～Z）组成，各字母的含义如下：

A：航行警告；B：气象警告；C：冰况报告；D：搜救通知；E：气象预报；

F：引航业务信息；G：AIS 信息；H：罗兰信息；I：空闲；J：卫导信息；

K：其他电子导航系统信息；L：航行警告—字母 A 的附加字母。也就是航行警告编号超过 99 号时，B_2 码采用"L"，其后面的 $B_3 B_4$ 再从 01 号开始编；M 至 U：保留待今后规定；V 至 Y：特别业务。Z：现无信息。

$B_3 B_4$：为每一类 B_2 电报的双字符编号，从 01 开始至 99 后再重新从 01 开始，但要避免使用仍然有效的电报编号。编号 00 只能用于特别重要的电文，如初始的遇险电文，这类电文必须强制接收并打印。

信息接收时，B_1 和 B_2 丢失或电文误码率超过 30%，将不予打印。

（4）小时　分钟　日　月　年　信息发布的时间。

（5）报文　指播发的安全信息的具体内容。

（6）NNNN 结束序列，表示电文结束。

5. NAVTEX 电文的优先等级

分为三个等级，分别为：

VITAL 警告——极其重要的警告；

IMPORTANT 警告——重要警告；

ROUTINE 警告——除 VITAL 和 IMPORTANT 以外的信息。

NAVTEX 播发电台收到一份新的警告后的第一次广播时间，按优先标志排列：

VITAL——播发台收到后立即播发，电台要立即监听工作频率，如果频率空闲立即广播，如频率已被占用，要确定是哪一个电台发射，然后联系要求该台中断其发射，待频率空闲立即广播。

IMPORTANT——当 518kHz 频率未被占用时可立刻播发，或在其后可用的时间内广播，要靠监听工作频率来识别。

ROUTINE——在规定的下一个广播时间内广播。

6. NAVTEX 系统的特点

（1）信息接收的特点 NAVTEX 接收机对已接收到的电文内容的误码率低于 4％的技术编码 $B_1B_2B_3B_4$ 进行存储，按照要求必须保存 60～72h，但并不存储电文的具体内容。这样当接收机再收到与原来技术编码相同的电文时，将不再打印；对于误码率高于 4％但低于 30％的电文，只打印电文的内容供参考，但是不保存技术编码，便于发射台重复发射时再正确接收；对于误码率高于 30％的电文或 B_1B_2 丢失的电文，既不打印电文内容，也不存储技术编码。当需要重新接收已经接收过的电文时，需要对机内技术编码进行删除；但对于技术编码 B_3B_4 是 00 编号的电文，不管是否接收过，均强制接收打印。

（2）发射特点 采用分区、分时方式在同一个频率上播发海上安全信息，以避免相互干扰。限制发射功率，白天最大发射功率为 500W，晚上降至 150～200W，覆盖的范围为 400n mile。

（二）NAVTEX 系统播发信息的规定

各播发台共用 518kHz 的频率播发，为避免干扰，经国际协调，各台在规定的广播时间用英语进行国际 NAVTEX 业务广播。广播时间的间隔应不超过 8h。

在广播时间内，电文的播发次序与电文收到的次序相反，即后收到的先播发。

销号电文只应播发一遍，已被注销的电文在广播中应不再出现。

航行警告只要处于有效期，一般在规定的广播时间内应继续予以重复播发。

气象预报一般每天播发两次。

气象警告应立即播发，然后在下一个广播时间重播。

NAVTEX 广播不适用于遇险通信。但为了使航海人员警惕和了解遇险情况，最初的遇险电文应使用 B_2 为 D 在 NAVTEX 进行广播，并可用 B_3B_4 为 00。

现无电文：在无信息播发时，可以利用这一措施确认发信机在规定的广播时间内工作是否正常。

（三）NAVTEX 接收机的使用

1. 对 NAVTEX 接收机使用的要求

①船舶应根据本船航行区域有关的 NAVTEX 电台的业务开放情况和自身需求，设定 NAVTEX 接收机的 B_1B_2。

②船舶在开航前一般应提前 8h 开机值守。

③根据航区和电文种类的需要和变化，重新设定 B_1B_2 选择状态。

2. NAVTEX 接收机的特点

①完全满足 CCIR 的技术标准和 IMO 的操作标准。NAVTEX 接收机对播发台和播发信息有选择功能。同时，对于播发的航行警告、气象警告和搜救信息不可拒收，即 B_2＝A、B、D 和 L，B_3B_4＝00。从而保证了海上重要信息的接收。

②NAVTEX 设备小型化，操作简单，自动接收，自动打印。应用微处理器控制，高速处理数据，具有多种操作功能。

③设备可以显示接收到的技术编码等信息。存储的技术编码还可以被显示、打印和删除。具备避免重复打印已经完整收妥的同一电报的功能。

④能够统计出接收到的电文的误码率，并在电文后打印出来。

接收到的电文误码率在 4％以下时，打印电文并存储技术编码。

接收到的电文误码率在 4％～30％时，只打印电文，不存储技术编码。

接收到的电文误码率在 30％以上时，既不打印电文，也不存储技术编码。

接收到的字符残缺，应打印一个星号"＊"或空格。

⑤接收并打印过的误码率在 4% 以下的电文，其技术编码应能储存 60～72h。超过 72h 的技术编码也将被清除。

四、EGC 系统

EGC 系统（Enhanced Group Call）为增强群呼系统，是 Inmarsat-C 系统为航行船舶提供的一种公共信息播发业务，EGC 系统提供三种业务：系统业务、海上安全网业务（Safety NET）和船队网业务（Fleet NET）。

安全网业务使用英语播发海上安全信息，船队网业务用于向一个船队或一组船舶发送船队管理信息或商用信息，系统业务用于播发 Inmarsat 系统相关信息。

（一）EGC 安全网业务

具有 NAVTEX 系统相同的海上安全信息播发功能，但两个系统的区别在于 NAVTEX 系统利用 MF 的 NBDP 播发 MSI，只能使离岸台 400n mile 内的船舶接收其播发的 MSI。EGC 系统则利用 Inmarsat 系统发布 MSI 信息，因此，在全球范围内航行的船舶可利用 EGC 系统接收其航行区域或即将进入区域的 MSI 信息。主要分为：NAVAREA/METREA 业务和沿海业务。

1. NAVAREA/METREA 业务

——发往指定扇形或矩形区域的航行警告、气象预报、气象警告以及海盗袭击警告；

——发往指定扇形或矩形区域的船舶搜救信息；

——发往指定扇形区域的岸到船遇险报警；

——紧急电文；

——海图修正业务。

2. 沿海业务（主要用于没有设置 NAVTEX 播发台的区域）

——航行警告；

——气象警告；

——气象预报；

——冰况报告；

——搜救信息。

（二）海上安全信息的播发

EGC 系统中信息的播发是由陆地相关机构和组织如 WMO、IHO 和水文航道部门把相关信息送到某一陆地地球站 LES，LES 将报文进行预先处理，然后送到 NCS，最后通过 NCS 的公共 TDM 信道发送出去。

EGC 信息的播发区域也和 NAVAREA 一样分为 21 个区域，具体播发的 LES、播发洋区和播发时间参见《无线电信号表》第三卷和第五卷的有关章节。

为避免不必要的海上安全信息的重复发送，IMO 洋区海上安全信息的播发应采用定时播发（Scheduled broadcast）和临时播发（Unscheduled broadcast）。

1. 定时播发

在两颗卫星重叠覆盖区内，Inmarsat 指定某一洋区的卫星定时播发航行警告和气象信息等海上安全信息，具体播发情况可查阅《无线电信号表》第三卷。仍然有效的海上安全信息只要在有效期内，还会在规定的时间予以重播。

2. 临时播发

对于重要的搜救信息、遇险报警的转发、大风警告和台风警告等重要信息，EGC 系统会通过所有洋区卫星进行广播。由于目前船舶所配置的 Inmarsat-C 船站在收发信息时，不能连续收听网络协调站的 TDM 信道，以至无法接收到临时播发的海上安全信息，EGC 系统在首次播发临时性的重要 EGC 电文的 6min 后，重播该重要的 EGC 电文。

（三）EGC 接收机的设置

EGC 系统的区域呼叫虽然是播发给航行在卫星覆盖区内的船舶，但是，只有在指定海区或指定地理位置内航行的船舶才可以接收并打印出接收到的 EGC 电文。EGC 系统可以使 EGC 接收机只接收打印与本船当前船位有关的海上安全信息；若不想接收与本船无关的某些 EGC 电文，无线电操作人员可设定 EGC 接收机以抑制接收这些无关的信息。但是，EGC 接收机对特别重要的电文不能加以拒收，如岸到船的遇险报警、气象警告和航行警告等。

当 C 船站接收到遇险或紧急优先等级的电文时，EGC 接收设备将会发出声光报警，以引起船舶无线电操作人员的注意。

①船舶的无线电操作人员为了保证能通过 EGC 设备接收到船舶航行所需的海上安全信息，应选择一颗适当的洋区卫星入网，通常当 C 站在指定洋区入网时，就会自动完成信道的选择。

②应当保证 EGC 接收机与 GPS 等电子导航设备正常连接，否则应定时人工输入船位，一般应每 4h 人工输入船位，如 10h 未更新船位，EGC 设备会报警提示。

③为了接收船舶所需航行海区的海上安全信息，应选择适当的 NAVAREA/METAREA。有些设备还需选择船舶所在 NAVAREA/METAREA 和下一个即将进入的区域。对于没有设置 NAVTEX 的区域，还应设置沿海区域（Additional Coastal warning area）以接收沿海海上安全信息。

④为保证在开航前接收到所需的海上安全信息，船舶在港内停靠时可以保持 EGC 接收机处于工作状态，或提前 12h 左右打开 EGC 接收机。

第二部分

船舶无线电操作与评估

第八章 "SAILOR" Inmarsat-C 船站的操作

一、"SAILOR" Inmarsat-C 船站的组成

IInmarsat-C 系统自从 1991 年运行以来，其终端-C 船站在全世界各国船舶上得到广泛使用。C 站不仅具有全天候、几乎全球通信、接收 MSI 信息、E-MAIL 收发方便等优点，而且体积小、价格相对较低、通信费用也低。此外只要提供 12V 电瓶，C 站就能正常工作，这对船舶发生遇难事件时提供及时报警具有重要意义。

Inmarsat-C 系统提供的主要通信业务包括：存储转发业务（Store and forWard Service）、遇险报警与遇险优先等级电报（Distress Alert and Distress Message）、海上安全信息的播发（MSI）等。

图 8-1　C 船站组成

SAILOR H2095B 是丹麦 SAILOR 公司生产的 C 标准船站（图 8-1），其组成为：① EME：全向天线；② IME：DCE—收发机（外围设备 GPS）；③DTE—DT4646E 数据终端（存储器），包括打印机、键盘、显示器。

二、"SAILOR" Inmarsat-C 船站的功能与操作

（一）"SAILOR" Inmarsat-C 船站开机与关机

1. 开机（POWER ON）

先开 GPS，然后开打印机，再开存储器 DTE，最后开收发机 DCE。开机后必须要入网（Login）。

（1）自动入网　入网成功的标志——小窗口出现 Login Successful，左

上角出现一个洋区。

（2）人工入网　光标移到主菜单 OPTIONS 选项，按回车键；选择 Login 项目，按回车键后出现 4 个洋区（POR/IOR/AOR-E/AOR-W）；根据电子海图所示船位选择最近的洋区，直到入网成功为止。

2. 关机（POWER OFF）

关机前必须脱网（Logout）。

光标移到 OPTIONS，选择 Logout 项，按 ENTER 键。成功脱网后（显示 LOGGED OUT），先关收发机 DCE，然后再关存储器，再关打印机，最后关 GPS。

（二）面板介绍

1. DCE 面板

如图 8-2 所示。

On/Off—开关键；Power—电源指示灯；Stop＋Alarm 键—分手键（实际：同时按下两个键）按 5s 发送遇险报警；Login—入网指示灯；Send—发射指示灯；Mail—接收指示灯；Alarm—报警指示灯。

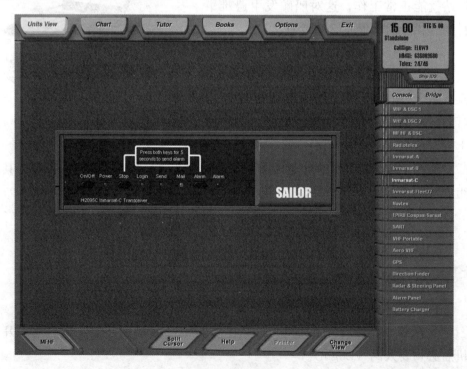

图 8-2　DCE 面板

2. DTE 显示器面板

如图 8-3 所示。

图 8-3　DTE 显示器面板

状态区		CAPSAT 型号			信号区、时间		
File 文件	Edit 编辑	Transmit 发射	Logs 记录	Distress 遇险	Position 船位	Options 功能	Applications 应用
电文编辑区							

（三）电文编辑、存储、打印及删除

光标移到 File 进入，找到 New Telex（没有大小写，支持有线电传）或 New ASCII（有大小写，支持无线电传、传真、数据），按回车键（图 8-4）。

空一行

TO：收电人名址：岸台——公司名/电传号；船台——对方船名或呼号/对方船站识别码/对方所在洋区

ATTN：Mr Li（具体收电人）

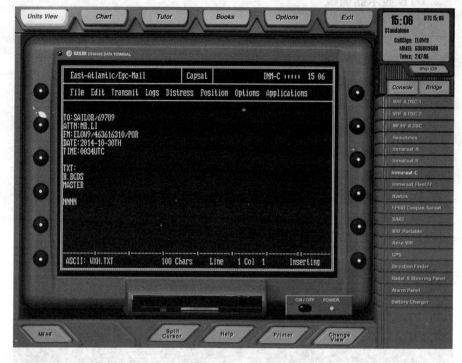

图 8-4　电文编辑

FM：发电人名址：本船名或呼号/所发设备号码/所在的洋区

DATE：日期 2012/04/09

TIME：时间 0200UTC

空一行

TXT：正文

B. RGDS

MASTER

空一行

NNNN 表示电文结束

• 保存：光标移到 File，选择 Save，输入文件名，然后回车。

• 调取电文：光标移到 File，选择 Load file，选择需要的电文并按回车键。

• 合并电文：光标移到 File，选择 Merge file 调出所需电文，然后再用同样方式调取另外一篇电文，最后保存。

• 打印电文：File—Print text（打印编辑区电文）/Print file（打印文件目录中电文）。

• 删除电文：File—Directory—Erase—ENTER。

（四）地址本编辑（Addressbook）

光标移到 Application 应用菜单回车，找到 Addressbook 回车：选择 New 新编地址本（图 8-5）。

1. 船—岸电传（Telex）

只有船对陆地电传用户通信时才需要应答码。

Number：电传国家码＋电传号码。例如：COSCO—8533057。

A/B：电传码＋公司缩写＋国籍代码。例如：33057 COSCO CN。

2. 船—船电传（Mobile）

7bit—（所有洋区的地面站都必须接收 7 比特码，只有 Sailor 的 C 站才有 Mobile 选项）。

Number：电传洋区码＋对方船站号码（AOR-E 581；POR582；IOR 583；AOR-W 584）。

A/B 不需要。

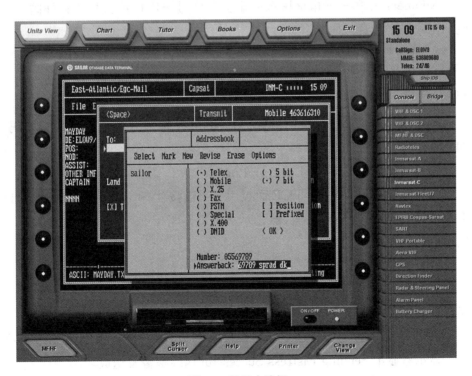

图 8-5　地址本编辑

Select 选择	Address book				Options 选项
	Mark 标记	New 新编	Revise 修改	Erase 删除	
					（ ）5bit
用户名 COSCO	用户种类：Telex 电传；Mobile 船；X.25 邮箱；Fax 传真；PSTN 电话；Special 特别				（·）7bit 一般
	业务；X.400 邮箱；DNID 网络				
					位置：Position 预固定：Prefixed
	Number：用户号码 Answerback：应答码				
					<OK>确认

3. 船—岸传真（Fax）

Number：中国——电话国家码＋去 0 区号＋用户传真号码；外国——电话国家码＋传真号码。

4. 特别业务（Special Code）

两位数的特别业务（紧急和安全通信）：在 Number：输入 32、38、39、43。

发送邮件时选择 Special Code，在 Number 输入对应地面站的接入码，如北京站为 555。

（五）遇险报警（无论 Login 或 Logout）

（1）**没有时间情况下** DCE 面板用分手键按住 Stop＋Alarm 键达 5s 以上，直到 Alarm 灯亮——显示器显示 Sending Distress Successful 遇险报警发送成功（图 8-6）。

（2）**有时间情况下**

·先在 Distress 菜单编辑简单的信息：Land Station 空格键选择岸站、船位、航向、航速，空格键选择遇险性质，然后 OK 保存（图 8-7）。

·在 DCE 面板上：按住 Stop＋Alarm 键达 5s 以上，直到 Alarm 灯亮——显示器显示 Sending Distress Successful 遇险报警发送成功。

·5min 之内收到 RCC 的应答，会有声音报警及显示 EGC Mail 收到（Logs—EGC logs 查阅 RCC 回电）。

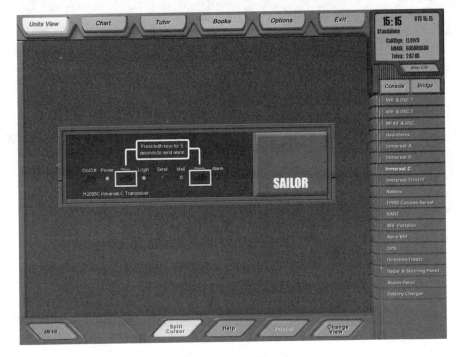

图 8-6　遇险报警发送

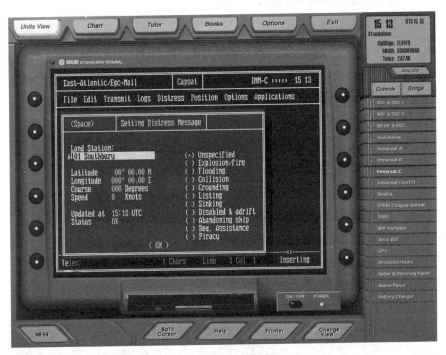

图 8-7　遇险报警设置

（六）遇险优先等级电报（必须 Login）

（1）先编辑遇险电文

遇险电文格式如下：

空一行

MAYDAY

DE 本船船名或呼号/本设备识别码/所在洋区（AOR-E、AOR-W、IOR、POR）

POS：LAT 2907N/LONG 14340E AT 0800UTC

NOD（Nature of Distress）：FIRE/DISABLE/SINKING/ABANDON⋯

ASSISTANCE：TUGS。（other information）

COURSE：120DEG

SPEED：15KTS

CAPTAIN

空一行

NNNN

（2）光标移到 Transmit 菜单

如图 8-8 所示。

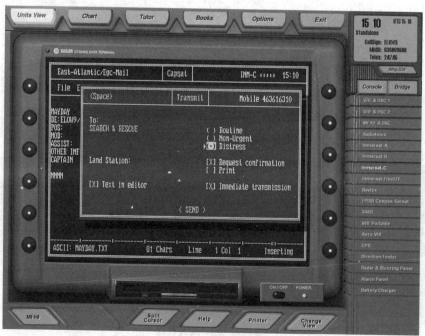

图 8-8　遇险电文发送

(Enter)	Transmit	Mobile 463616310
To： SEARCH & RESCUE Land Station：空格键选择经过岸站（就近） ［×］Text in editor（×表示发送编辑区电文） File：空格键选择所编写的电文	（　）Routine 常规 （　）Non-Urgent 非紧急 （·）Distress 遇险（空格键选择） （×）Request Confirmation 要求收妥确认 （×）Print 打印（×表示需要，空缺表示不要） （×）Immediate transmission 是否立即发送 发送 <SEND>	

附：如何取消误报警？

•编写取消误报警电文，选择遇险优先等级，从 TRANSMIT 菜单选择电文发送给 RCC 取消误报警；必须 Login，必须选择与遇险误报警的相同地面站。

•用常规电话向 RCC 取消误报警。

•报告给本公司。

（七）常规通信

条件：本船站已经 log in 成功，电文已编辑并保存。

①光标移到：TRANSMIT（图 8-9）。

②TO：空格键调取地址本，NEW 新建（船到岸电传/传真，船到船电传）。

Select 选择，MARK 标记（可以为同类电文的地址群发：同一个洋区或国家的用户）。

③LAND STATION：空格键选择所选择的岸站（一般根据岸站提供的业务，尽量选择用户所在地岸站）。

④TEXT：用空格键去掉【×】，用空格键选择已经保存电文。

⑤routine（选择常规，不得选择"Distress"）。

⑥根据要求选择是否要求用户收妥确认，是否打印该电文，根据要求是否立即发送。

【×】立即发送。

【　】延时发送需要输入发射的时间。

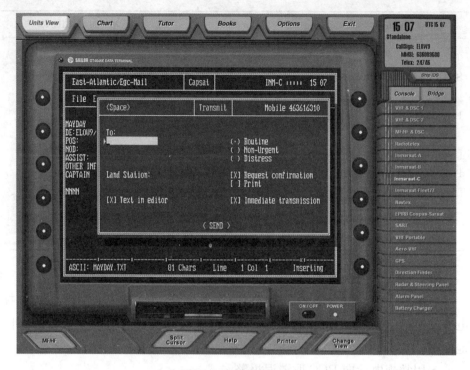

图 8-9　常规电文发送

⑦SEND 发送。

⑧查看发射记录。

LOGS→TRANSMIT LOGS 发射记录：

VIEW	RESUBMIT	ERASE	CONFIRM	PRINT
查看	重发	删除	证实	打印

查看状态：

SENDING	正在发送
CONFREQ	岸站收到，用户未收到
CONFOK	岸站收妥，用户已收妥（表示发射成功）
ACKNOWLEDGED	未要求收妥（未选 request confirmation），岸站已经收妥
FAILED	失败

（八）船位报和自动船位报

Option→Configuration→（参数设置）→Position Report

①添加 Change→Open→选择相应的洋区（002 大西洋西，102 大西洋东，202 太平洋，302 印度洋）→Program 选择定时发送的时间→Start 启动时间→Status 查看定时发射状态。

②停止自动船位报告 Change→Stop。

③关闭→设置 Change→Close。

（九）PSC 检查项目

1. 查看本机号码

如图 8-10 所示。

• File—About：Serial 出厂序列号；Mobile 本机识别码。

• Option—Transceiver Status 收发机状态：Serial no 出厂序列号；Mobile no 本机识别码。

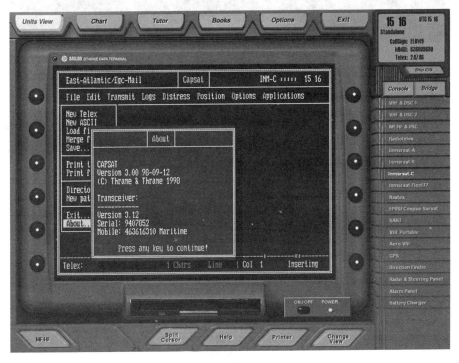

图 8-10　查看本船识别码

2. PV TEST 链路测试

如图 8-11 所示。

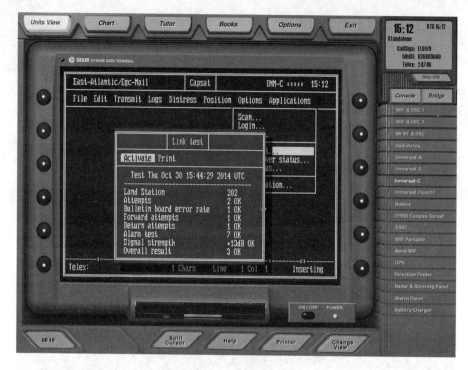

图 8-11　链路测试

Option—Link Test 链路测试—Activate 激活。

（1）测试时注意收发机面板灯光变化　Mail 灯亮表示正在进行接收测试，Send 灯亮表示正在进行发射测试，Alarm 灯亮表示正在进行报警测试。

（2）测试结束　打印并解释测试结果。

	Link test	
	Activate 激活　　Print 打印	
Test Wed Apr 11 08：50：58 2012 UTC		测试时间
Land Station	202　　参加测试的岸站	
Attempts	2　OK　尝试次数	
Bulletin board error rate	1　OK　公告板错误率	
Forward attempts	1　　OK　发射尝试	
Return attempts	1　　OK　接收尝试	
Alarm test	7　　OK　报警测试	
Signal strength	+13dB OK　信号强度	
Overall result	3　　OK　总的测试结果	

（十）EGC 设置

Option—Configuration—EGC（图 8-12）。

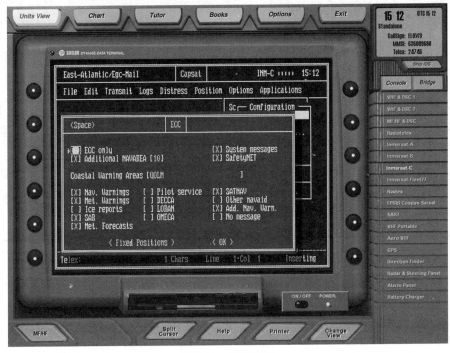

图 8-12   EGC 设置

（Space）		EGC
[ ] EGC only 仅作为 EGC 接收机		[×] System messages 系统信息
[×] Additional NAVAREA 附加航警区［11］		[×] Satety NET 安全网业务
Coastal Warning Areas［A—X］沿岸航警区（发射台）		
[×] Nav. Warnings 航行警告	[ ] Pilot service 引航业务	[ ] SATNAV 卫导信息
[×] Met. Warnings 气象警告	[ ] DECCA 台卡	[ ] Other navaid 其他助航信息
[ ] Ice reports 冰况报告	[ ] LORAN 罗兰	[×] Add. Nav. Warn. 附加航警
[×] SAR 搜救信息	[ ] OMEGA 奥米伽	[ ] No message 无信息
[×] Met. Forecasts 气象预报		
〈Fixed Positions〉固定矩形区域设置		
〈OK〉确认保存		

注意：①EGC only 前一般不能打［×］，否则只能接收 EGC 报文，不能进行电文的收发；

②系统信息和安全网业务前必须打［×］，强制接收；

③附加航警区：［ ］表示只接收本航区信息；［×］输入航区（1-21）可以接收相应的航区信息；

④沿岸航警区（发射台）：A—X，输入本航线附近沿岸的播发台，字母间不需打分号；

⑤航行警告（附加航警）、气象警告、搜救信息必须接收，其他根据要求，打［×］选中；

⑥根据要求输入矩形区的设置，接收该区域的 MSI＜Fixed Positions＞：输入 4 个整数点经纬度组成一个矩形区域；例 1：接收 25～26N，122～124E 区域内的 MSI：25N 122E；25N 124E；26N 122E；26N 124E；例 2：要接收 30°12′N 121°30′E 位置的 MSI：29N 121E；29N122E；31N 121E；31N 122E。

（十一）SCAN 扫描入网

Log in：人工入网（洋区不受信号强度改变而改变）。

Scan：扫描入网（自动选择信号最强的洋区入网）。

使用 Scan 入网前必须先脱网，否则为无效操作。

Option—Scan：A-W（大西洋西区）；A-E（大西洋东区）；POR（太平洋区）；IOR（印度洋区）选择确定洋区扫描—时间短；All Ocean 不确定洋区扫描—时间长 12min 左右。

（十二）接收电文存储路径设置

Option—Configuration 参数设置—Routing 路径（打 ［×］ 选中）。

附：INM-C 站模拟器可以与以下用户进行传真通信

Name of subscriber	Type of subscriber	Subscriber number（including country code）
Inmarsat	fax	44-02077281752
Transas marine	fax	7-8125671901
Rnli	fax	44-01202663287
SMA	fax	7-8124445934
UKHO	fax	44-01823284077

附：模拟器可与下列电传用户通信

公司名	电传国家码＋电传号	应答码 A/B	公司缩写	国籍代码
Prinorsksc	No：64—213812	213812	PSC	SU
Sailor	No：55—69789	69789	SPRAD	DK
Balticsc	No：64—121561	121561	BSC	SU
Sakhalinsc	No：64—412613	412613	SSC	SU
Inmarsat	No：51—297201	297201	INMSAT	G
Russjensen	No：55—22249	22249	RUSSJ	DK
Morflot	No：28—511244	511244	MFLOT	CU
Transworld	No：46—33059	33059	TRWA	B
Petrollink	No：71—101310	101310	PLLINK	AU

第九章　FELCOM-15 型 C 站操作

一、FELCOM-15G 型 Inmarsat-C 简介

该卫星通信系统是纯数据通信系统，工作于全球波束，是 GMDSS 要求必备设备之一。IMO 新要求的船舶保安警报（SSAS）和船舶远程跟踪与识别（LRIT）都是基于 C 站系统的业务；虽然没有电话通信的功能，但和其他移动站相比，INMARSAT-C 移动站具有体积小、重量轻、价格便宜等特点，并且采用一个只有十几厘米高的全向型天线，便于安装和携带。因此它广泛适用于船舶、火车、飞机、汽车等移动通信和固定通信。

该系统利用存储转发的方式和低速数据（600bit/s）传输，除了提供普通的电传、数据传输、单向文字传真外，还提供许多其他服务，如配有发送级别优先的遇险报警信息装置，增强群呼安全网和船队网、查询与数据报告、一文多址、多文多址等。内置或外接 GPS 设备的 C 站终端实现定时位置报告，其轮询和数据报告功能尤其适用于遥测、控制和数据采集（SCADA）、船队定位跟踪等。

二、FELCOM-15 型 C 站的组成

如图 9-1 所示。

EME：全向天线。

IME：一体机，包括 DCE 收发电子单元、DTE 数据终端（打印机、显示器和键盘）I/O：输入/输出接口。

三、FFLCOM-15 型 C 站的功能与操作

（一）开关机

1. 按下 On/off 开机

一般情况下会自动入网：其成功的标志是有小窗口出现 Login successful 和显示器下方的状态栏里出现登陆洋区。例如，NCS：（IOR-W，IOR-

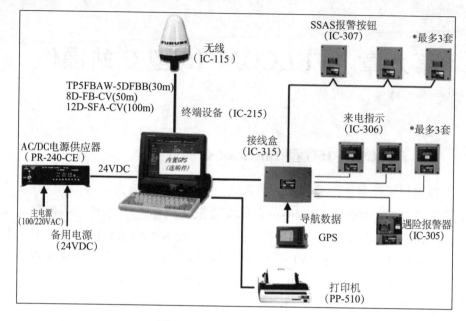

图 9-1　FELCOM-15 船站组成

E，POR，IOR）LOGIN。

2. 按下 On/off 关机

因为这是智能 C 站，无需 logout 再关机。

用户操作界面如图 9-2 所示。

```
File Edit Transmit EGC      Reports Logs Options Setup        Position StopAlarm


Date            98-07-29            BBER                000
Time            10:26(UTC)          C/N                 OK ( 36dB)
                                    Send Level          OK (  0)
Position        LAT 51:00.00N       RxIF AGC Level      OK (137)
                LON 000:00.00E      REF Offset Freq     OK (   0Hz)
Waypoint        LAT                 Synthe 1st-1 Local  OK
                LON                        1st-2 Local  OK
Course              DEG                    RX2nd Local  OK
Speed               KTS
Current NCS     144(AOR.E)LOGIN     Antenna Power Supply OK
Current Channel NCS CC
Current TDM     NCS CC              Water Temperature       DEG
NES Status      Idle                Water Current
GPS Status      ****                     Direction          DEG
                                         Speed              KTS
DCE Memory      32818 Bytes free    Depth


Current State : IDLE                SYNC( NCS )        98-07-29 10:26(UTC)
                                    NCS:AOR.E  LOGIN       LAT: 51:00.00N
DCE Ver 02                                               LON:000:00.00E
```

图 9-2　FELCOM-15 用户操作界面

（二）面板介绍

如图 9-3、图 9-4 所示。

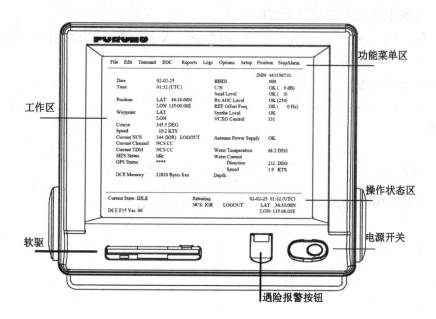

图 9-3　FELCOM-15 用户操作界面

File（F1）	文件处理
Edit（F2）	电文编辑
Transmit（F3）	电文发射
EGC（F4）	EGC 设置
Reports（F5）	数据/信息报告设置
Logs（F6）	收、发信息记录显示
Options（F7）	出、入网操作，测试等
Setup（F8）	系统设置
Position（F9）	船位手动更新
Stop Alarm（F10）	停止报警声

图 9-4　FELCOM-15 键盘功能介绍

（三）电文编辑、储存与删除

1. 新编电文

按<F1>→1. New 回车→编辑电文→<F1>→4. save→编写文件名（少于 8 个字母）回车储存（图 9-5）。

2. 调取电文

按<F1>→2. Open 回车→根据电文名选取电文回车→电文打开。

3. 储存电文并关闭编辑窗口

按<F1>→3. Close 回车→Yes 回车→输入文件名→回车储存→不储存时选"No"回车退出。

4. 删除电文

按<F1>→5. Delete 回车→上下箭头选取要删除的电文回车→Yes 确认删除。

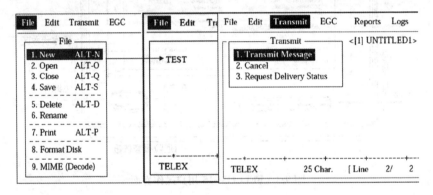

图 9-5　FELCOM-15 电文编辑

（四）地址本编辑

（1）地址查找与建立　按<F8>键，这时"Setup"对话框会出现，按<9>选择"Configuration"选项，按（1）选择"Station List"选项。

用上下方向键查找您所需要的地址。

如果有所需要的地址，用上下方向键将其选中，然后按"回车"键确认查看或修改。

如果没有所需要的地址，那么用上下方向键选中第一个为空的地址记录，按"回车"键，这时会出现一个新的对话框，按提示输入地址，按"回车"键确认。

Station Group：群呼号码

Station Name：用户名

Prefix Code：前缀码（这里为空）

Destination Type：目标电文类型

Country Code：国家码

Station ID：用户号码

Modem Type：调制类型

Address：地址

Remarks：备注

（2）船到岸电传用户登记

Destination Type：Telex

（3）船到岸传真用户登记　岸站—船站：用电传，岸站—用户：用传真。

Station Name：

Destination Type：FAX

Country Code：086

Station ID：

Modem Type：T30 FAX（特别注意和模拟器的区别）

Email Address：

Remarks：

（4）船到船电传用户登记　选取相应的业务，电传号选 TELEX，传真号选 FAX.

5. EMAIL 用户登记：

Station Name：

Destination Type：E-mail

Country Code：

Station ID：

Modem Type：

Address：→输入 E-mail 地址→确认储存。

Remarks：

（五）常规通信（必须 login）

①按＜F3＞键获得一个"Transmit"菜单，按＜1＞选择"Transmit Message"选项，这时会出现"Transmit Message"操作界面（图 9-6）。

②在 Priority 区域中确保"Normal"选项被选中。用上下方向键选择"Station Name"，按"回车"键确认。这时会弹出"Station List"列表，用上下方向键选取用户名，按"回车"键确认。依次输入 LES ID（岸站）→ Option（Confirmation，Send Delay，Delivery Delay，Code）。

③用方向键选中位于屏幕底端的"Transmit"选项，按"回车"键发送

报文，这时一个对话框会提示你"Start"，用方向键选中"Yes"，然后按
"回车"键确认。

④在屏幕的左下角会显示报文的发送状态。

⑤按<ESC>3次返回到报文输入区。

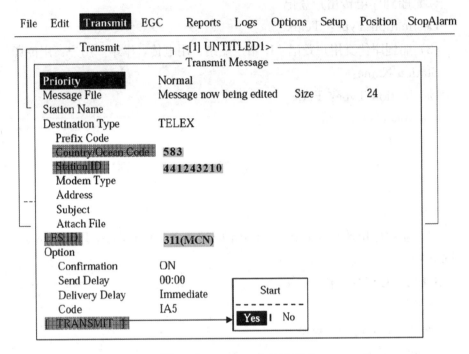

图 9-6　FELCOM-15 发送界面

（六）遇险优先等级电报（必须 Login）

①按<F1>→1. New→编写遇险电文。

②按<F3>→1. Transmit Message→在 Priority 项上选 Distress→在
LES ID 选择岸站→<Transmit>→回车 Yes 确认。

（七）查看收发电文记录

收发记录最多存储 50 组记录信息，当记录已满时，自动删除旧的记录
信息。

按<F6>→选择要查看的记录信息（图 9-7）。

①Send Message Log：发送电文的记录信息。

②Received Message Log：接收电文的记录信息。

③EGC Log：EGC 的接收记录信息。

④Log：全部的记录信息→回车查看→如果要打印，按<Ctrl>＋<P>并按<P>键；要停止打印，按<ESC>。

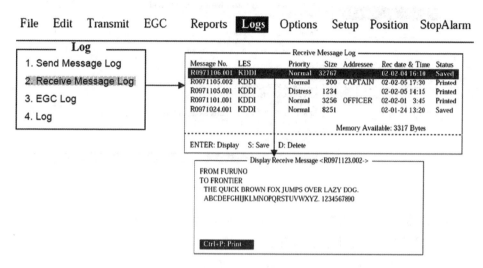

图 9-7　FELCOM-15 查看收发电文记录

（八）查看 EGC 电文

EGC 接收记录可在 EGC 菜单和 Logs 菜单里查看或按<Ctrl>＋<P>键打印，如图 9-8、图 9-9。

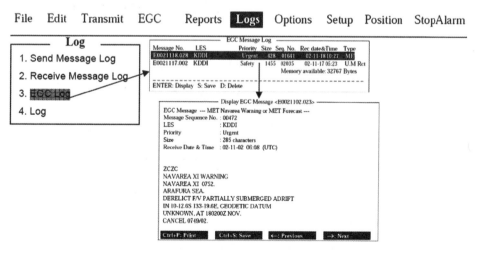

图 9-8　查看 EGC 接收记录

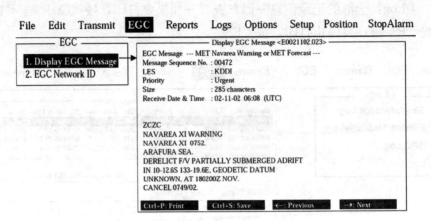

图 9-9　查看日本山口岸站播发的 EGC 信息

（九）链路性能测试 Performance Verification Test（PVT）

①确认终端设备处于空闲 IDLE 状态，并 Login。

②按<F7>→Option→Test→1. PV Test→Yes 确认（图 9-10）。

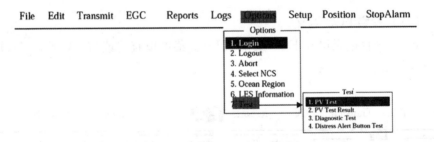

图 9-10　选择 PV-Test 菜单

③按<F7>→Option→Test→按 Start 开始测试（图 9-11）。

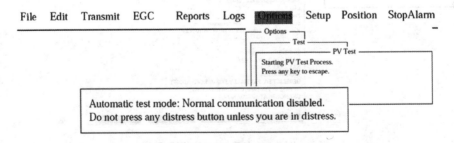

图 9-11　PV-Test 测试中

④PV Test Result→回车查看测试结果（图9-12）。

```
┌────────────── PV Test Result ──────────────┐
│                              Ctrl+P: Print  ESC: Quit │
│─ ─ ─ ─ ─ ─ ─ ─ ─ ─ ─ ─ ─ ─ ─ ─ ─ ─ ─ ─ ─ ─ ─│
│ Test Date & Time      02-02-25  01:58 (UTC)          │
│─ ─ ─ ─ ─ ─ ─ ─ ─ ─ ─ ─ ─ ─ ─ ─ ─ ─ ─ ─ ─ ─ ─│
│ Attempts              First attempt                  │
│ BBER                  Pass                           │
│ Shore-to-Ship Attempts   First attempt              │
│ Ship-to Shore Attempts   First attempt              │
│ Distress Alert        Pass (Test OK)                 │
│ Signal strength       Pass (Greater than Std level + 10dB) │
│─ ─ ─ ─ ─ ─ ─ ─ ─ ─ ─ ─ ─ ─ ─ ─ ─ ─ ─ ─ ─ ─ ─│
│ Overall Result        Pass (Applicable tests pass)   │
└──────────────────────────────────────────────┘
```

图 9-12　PV-Test 结果

（十）报警按钮的试验（Test the Distress Button）

这个测试是当按下【DISTRESS】按钮时，不发射遇险报警信号。

按<F7>→Option→Test→4. Distress Alert Button Test→在（start）中选 Yes 确认进入试验程序，显示出（Distress Alert Button Test Mode）→掀开【DISTRESS】按钮保护盖，按下保持 4s，到按钮闪亮和声音报警，正常则显示出"Distress Button Works Correctly"遇险报警按钮工作正常→松开按钮关闭【DISTRESS】按钮保护盖，→按<ESC>两次，警报声停止，显示屏显示出"Distress Buttons Returned to Normal Operation"→按<ESC>3 次退到初始显示菜单。

（十一）EGC 设置

按<F8>→2. System Setup→5. EGC Setup→Additional Position 添加位置的经纬度→在 Navarea 处添加航行区域（共 24 个区）→在 NAVTEX 处添加要接收的发射台（用 24 个大写字母）→在 Type of Message 选取接收的项目→<ESC>退出 yes 确认更新。

（十二）查看机器识别码和 INM-C 站工作模式

按<F8>→2. System Setup→System Date&. Time　　修改日期和时间
IMN　　9 位数 C 站识别码（图9-13）
MES Operation Mode：船站工作模式：1. INMARSAT-C
　　　　　　　　　　　　　　　　　　2. EGC

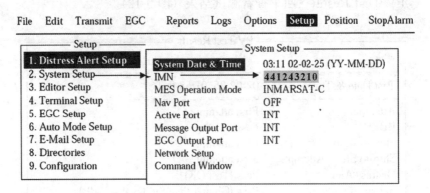

图 9-13　查看本船识别码

（十三）输入本船位置

按＜F9＞→直接输入经纬度位置→＜ESC＞退出→yes 确认更新。

Felcom-15 型 C 站屏幕显示有船位（图 9-14）；若要查看船位是外接、内置或手动设置可按功能键 F8 键，进入设置菜单，按数字 2 键进入系统设置（System Setup），选择 Nav Port 确认，EXT 外接，INT 内置，OFF 手动输入（图 9-15）。

File	Edit	Transmit	EGC	Reports	Logs	Options	Setup	Position	StopAlarm

			IMN	**441243210**
Date	02-02-25	BBER	000	
Time	01:32 (UTC)	C/N	OK (0 dB)	
		Send Level	OK (0)	
Position	LAT 34:30.00N	Rx AGC Level	OK (254)	
	LON 135:00.00E	REF Offset Freq	OK (0 Hz)	
Waypoint	LAT	Synthe Local	OK	
	LON	VCXO Control	131	
Course	345.5 DEG			
Speed	10.2 KTS			
Current NCS	344 (IOR) LOGOUT	Antenna Power Supply	OK	
Current Channel	NCS CC			
Current TDM	NCS CC	Water Temperature	68.2 DEG	
MES Status	Idle	Water Current		
GPS Status	****	Direction	232 DEG	
		Speed	1.9 KTS	
DCE Memory	32818 Bytes free	Depth		

Current State: IDLE	Retuning	02-02-25 01:32 (UTC)
	NCS: IOR LOGOUT	LAT: 34:30.00N
DCE F15 Ver. ##		LON: 135:00.00E

图 9-14　本船船位信息

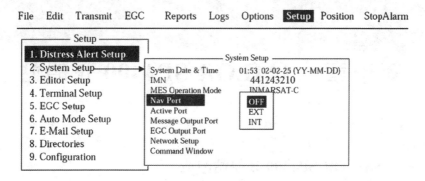

图 9-15　查看船位提供信息

（十四）手动入网和脱网（login and Logout）

①按＜F7＞→1. login→yes 确认开始入网（图 9-16）。

成功的标记：小窗口"Successful Login"，状态栏有 IDLE 出现，且 LOGIN 停止闪动。

②按＜F7＞→2. logout→yes 确认开始脱网。

成功的标记：小窗口"Successful Logout"，状态栏 LOGOUT 转到 IDLE（空闲）。

③按＜F7＞→5. Ocean Region→选合适的洋区回车→yes 确认。

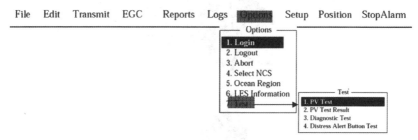

图 9-16　入网菜单

（十五）自动打印设置

按＜F8＞→6. Auto Mode Setup→选择相关的项目设置。

（十六）保安功能设置（SSAS setup）

按＜F8＞→2. System Setup→Command Window→1. Remote Box setup

2. Internal PGS setup

enter Job no：SSAS manager

password：Ship security alert

进入菜单按提示操作。

第十章 SAILOR SP4400 B 船站

一、SAILOR SP4400 B 船站组成

SP4400 是丹麦 SAILOR 公司生产的 INMARSAT-B 船站。其主要功能有遇险报警，数字电话、传真、中速和高速数据通信等。

SP4400 组成：

1. ADE 甲板上设备（定向天线）

包括 X-Y 平台、AZ 轴、EL 轴、Heading 和 Bearing。如图 10-1 所示。

图 10-1 B 站定向天线

2. BDE 甲板下设备

如图 10-2 所示。

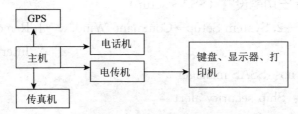

图 10-2 B 站甲板下设备

二、SAILOR SP4400 B 船站的功能与操作

(一) 开关机

(1) 开机　先开 GPS，再开罗经提供航向，再开打印机，最后开主机电源。

开机自检①自动入网（成功出现 Ready Hook off and Enter NO）→准备好，摘机拨号（图 10-3）。

图 10-3　B 站入网成功

②人工入网（自动入网失败时）出现 Awaiting Postiion 船位等待（GPS 关机原因）；Invalid region，选择洋区错误，需要改变洋区和岸站进行入网。

人工入网方法；右上角天线指向按钮→change→ocean region→选择洋区和岸站（图 10-4）。

(2) 关机　先关主机电源，再关打印机，再关 GPS。

(二) 面板介绍

如图 10-3 所示，第一排小按钮分别是：信息、地址本、退出、天线指向。其他按钮的意思：EDIT 修改；STO 储存；DEL 删除；7. 亮度；8. 功

图 10-4　B 站人工选择洋区和岸站

能；9. 时间；SHIFT 功能键；0. 键盘锁；♯. 确认键。

（三）电话机操作

1. 初始设置

①亮度对比度对比　shift＋dim：（ON/OFF 亮度对比度开关、dimmer 亮度调节、contrast 对比度调节）。

②时间日期　SHIFT＋TIME（UTC 时间），如图 10-5 所示。

③电话本添加删除修改，见图 10-6。

添加：ADDR BOOK，SHFT＋sto→输入用户号码

岸上用户：00＋电话国家码＋电话号码（区号前去 0），例如：00865802095055

船上用户：00＋电话洋区码＋船舶 ID，例如：008703412123456

→输入用户名称→♯确认

修改：shift＋edit

删除：shift＋del

图 10-5　B 站调整时间

图 10-6　B 站地址本编辑

④FUNC 功能键介绍：见图 10-7。

图 10-7　B 站功能键

SHIFT＋FUNC→ { SET UP 设置菜单
STATUS 状态菜单
SYSTEM 系统菜单 }

⑤人工设置船位　天线指向键→change→Position 用箭头键修改船位。

⑥经过的岸站（常规电话）　天线指向键→change→Ocean Rgn 洋区、CES 岸站→选择所需洋区和岸站。

2. 遇险电话报警

①先选择岸站：

岸站选择方法 Shift＋Func→Set up→CES→DEFAULT→DISTRESS→选择洋区→岸站。

拿起电话打开 distress 盖板→按下超速 5s 发出报警→直接按♯或输入 RCC 号码♯，连接 RCC。

②RCC 接通后，通信。

③最后挂机拆线（图 10-8）。

RCC 未拆线直接取消；已经拆线，用常规电话或者电传联系 RCC。

图 10-8　B 站遇险电话报警

3. 常规电话

①选择岸站。

②拨号　a. 直接拨号，b. 电话簿拨号，c. 挂机。

4. 电传机操作

(1) 电文的编辑存储和删除（图 10-9）

a. 编辑 FILE→NEW→按照标准格式编辑电文。

b. 存储。

调取电文：FILE→OPEN→FILE 找到根目录（RSX 已发送的文件夹，RSXLOG 未读的接收文件夹，RSXSEND 需要发送的文件夹）。

删除：FILE→OPEN→选择文件→按 ALT＋D 删除文件→YES（图 10-10）。

(2) 电传地址本编辑（图 10-11）

FILE→dial directory 拨号目录→ALT＋I

岸台：name 公司名，NO：00＋电传国家码＋电传号

船台：name 对方船舶名字或者呼号，NO：00＋电传洋区码＋电传号码。

(3) SES UNIT（图 10-12）

本船识别码查看（PSC 检查项目）SES UNIT→ Identity

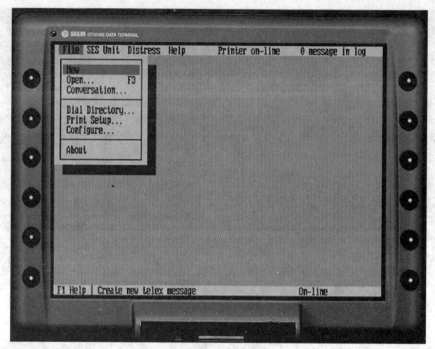

图 10-9　B 站电文编辑

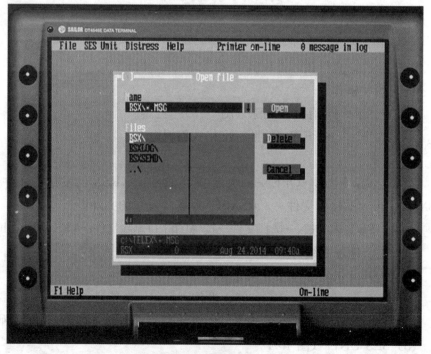

图 10-10　B 站电文调取、删除

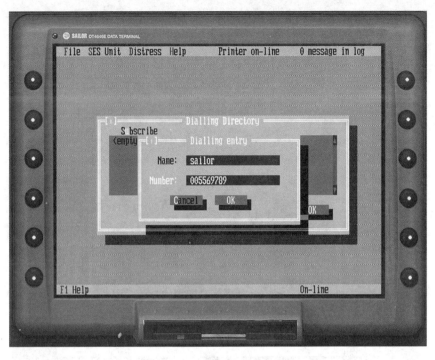

图 10-11　B 站电传地址本编辑

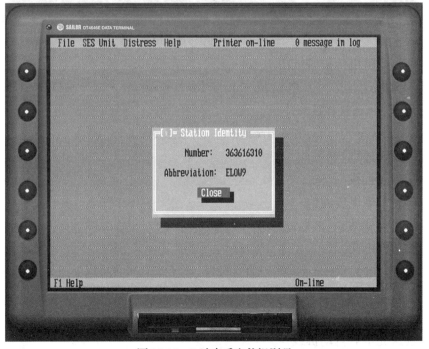

图 10-12　B 站查看电传识别码

时间航行数据：DATE/TIME，航行数据 navigation 由 GPS 提供。

默认经过的岸站（图 10-13）

SES UNIT→station→ALT＋R（region）

图 10-13　B 站电传选择岸站

（4）遇险电传报警（图 10-14）

①选择经过岸站：电话机 shift＋func→set up→CES→DEFAULT→DISTRESS→选择洋区→岸站

②distress→transmit distress→10s 内按下 ALT＋C 确认

③发送过程

④五点拆线

（5）常规电传通信

①选择岸站

②选择电文

③发射电文 file→send file→直接拨号：岸台 00＋电传国家码＋电传号码

船台 00＋电传洋区码＋电传号码

④解释发射的过程

发送完毕后自动拆线。

会话式（交互式）（图 10-15）

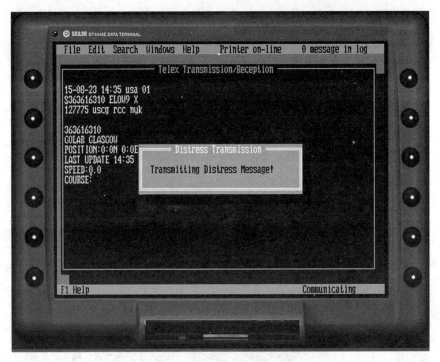

图 10-14　B 站遇险电传报警

图 10-15　B 站会话电传方式

选择岸站

拨用户号码 file→conversation→输入用户号码

用户应答码出来后调取电文 open→

分割窗口 window→tile

发送文件 file→send file

完毕之后五个点拆线

关闭窗口

查看发射记录（图 10-16）

SES UNIT →CALL LOG→输入要查看的前_____次记录。

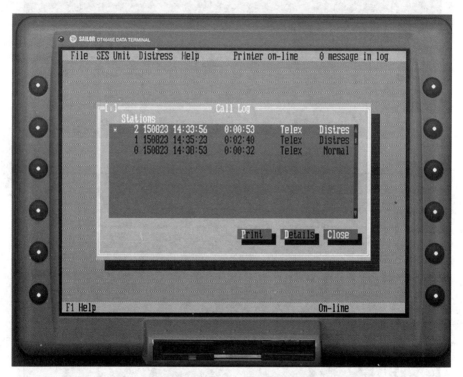

图 10-16　B 站电传查看发射记录

第十一章　Thrane & Thrane TT-3622B F77 操作

一、Thrane & Thrane TT-3622B F77 卫星船站介绍

TT-3622B F77 是丹麦的 Thrane & Thrane 公司于 2001 年开发出的高速数据卫星终端，该船站能提供低速电话、高速电话、模拟/高速传真、ISDN 高速数据和 MPDS 移动数据通信业务，该船站满足 GMDSS 最新要求，能提供遇险报警业务。

二、Thrane & Thrane TT-3622B F77 卫星船站组成

1. 船站组成

图 11-1 是 F77 的总体框图，图中左半部分为通信单元，右上角为天线单元，右下角为电子单元。图 11-1 左半部分展开即为图 11-2。

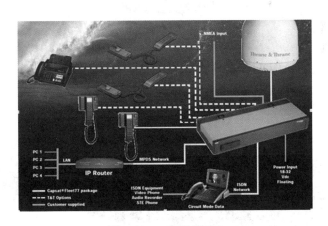

图 11-1　F77 组成框图

2. 终端的组成

①甲板上设备 ADU：带 GPS 的天线单元（TT-3008C），能自动跟踪卫星，具有高稳定、高增益性能（图 11-3）。

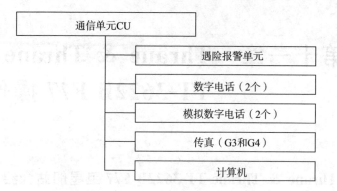

图 11-2　F 船站通信单元

图 11-3　F 站天线单元

②甲板下设备 BDU（又称为电子单元）：见图 11-4。

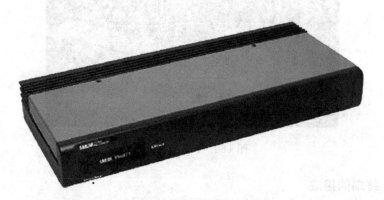

图 11-4　F 站电子单元

③ISDN 话机（TT-3620F）及遇险报警单元（TT-3622B）（图 11-5）。

图 11-5　F站话机

3. F77 提供的业务

①电话业务：提供 ISDN 电话（64kbit/s 语音电话和 4.8kbit/s 电话）、模拟电话（使用普通电话机，采用 AMBE 技术电话）；

②数据通信业务：提供 ISDN 数据通信（64kbit/s）和 MPDS 业务；

③传真业务：提供两种传真（64kbit/s 的 G4 传真和 4.8kbit/s 的 G3 传真）；

④遇险报警及遇险通信业务；

⑤浏览互联网功能：采用 MPDS 方式可以永久在线。

三、Thrane & Thrane TT-3622B F77 卫星船站功能和操作

（一）F77 船站开关机

1. 开机

先开 GPS，再开 Fleet 77 主电源，自动入网。

开机自检：出现"Ready"表示成功入网；如果没有成功入网，可以人工选择洋区入网（MENU 菜单→Area→OK→Automatic 自动扫描入网；W-Atlantic、E-Atlantic、India、Pacific 人工选择洋区入网；Spare1 点波束特别区域→OK 确认→EXIT 退出菜单，直到入网成功）。

2. 关机

关闭主电源，再关 GPS。

（二）面板介绍

如图 11-6 所示。○左绿灯：电源指示灯；红灯：报警指示灯；黄灯：发射指示灯；右绿灯：入网指示灯

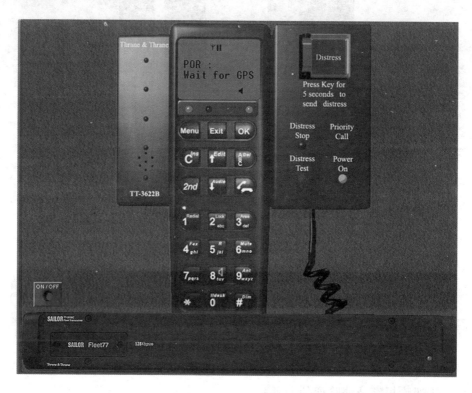

图 11-6　F 站面板

MENU 菜单键　Exit 退出键　OK 确认键　C^{Ins}清除（添加）　Edit 修改　Del 删除　2nd 功能　Audio 音频　1^{Redial}重拨键　2^{Lock}锁定　3^{Area}洋区　4^{Fax}传真　5^{R}拨分机号　6^{Mute}静音　8　免提　9Ant 查看天线信息　#^{Dim}面板亮度

（三）电话机操作

1. 初始化操作

①电话本编辑存储、调取与删除（图 11-7）：

编辑：MENU→Phonebook→OK→2nd＋C^{Ins}→Enter Name：输用户名→Enter Number：输用户电话号码（岸台：00 电话国家码＋去"0"区号＋电话号码；船台：00 电话洋区码＋船站识别码）→OK 确认→Enter Code：输入存储位置（01-99）。

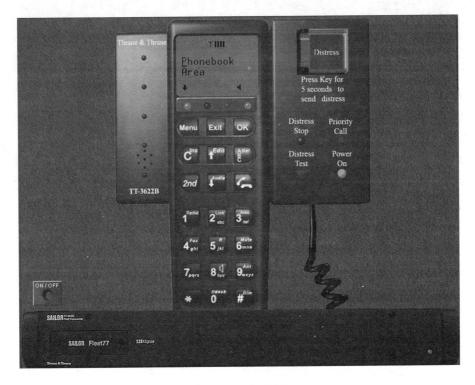

图 11-7　F 站地址本

　　调取与删除：MENU→Phonebook→OK 调取电话本→光标移至需删除电话号码上按 2nd＋ Del 删除。

　　②查看机器状态：MENU 菜单→Status 状态→OK→C/NO 信号强度；Transceiver 收发机状态（出厂序列号）；RF Block 增益、收发频率；Bulle-tin 公告板；Antenna 天线状态；GPS Info GPS 信息（船位、航向、航速、时间、内置 GPS、外置 GPS）（图 11-8）。

　　③默认经过的岸站：MENU→LES→选择默认岸站（868：MCN 北京；210：SINGRPO 新加坡；003：KDDI 山口）。

　　④话机设置：MENU→Super User 使用者话机设置→Enter PIN 键入个人识别码 12345678（设置邮箱、呼叫记录、对比度、铃声、按键音、时间等）。

　　⑤查看业务识别码：MENU→Service User→ Enter PIN 键入个人识别码 87654321→IMN Config→（电话识别、MPDS 识别等）。

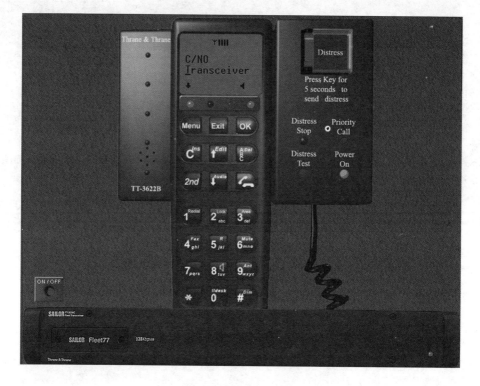

图 11-8　查看本机状态

2. 遇险报警

①打开 Distress 盖板：按住该键 5s 以上

②选择岸站（图 11-9）并报警。

5s 内 Distress 灯闪，松开按钮取消报警；5～14s Distress 灯常亮，按 Distress Stop 键取消报警；超过 14s 遇险报警发送完成（RCC 还在线或 RCC 已经拆线）。

3. 常规电话

①选择经过岸站。

②拨号：直接拨（岸台：00 电话国家码＋去 0 区号＋电话号码；船台：00 电话洋区码＋船 ID）或利用电话本拨号（调取所需电话号码→OK→按拨号键）。

③通话结束后挂机（图 11-10）。

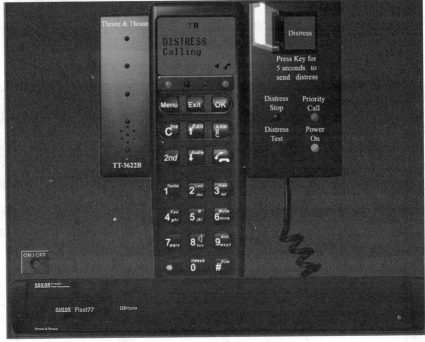

图 11-9 F 站遇险报警

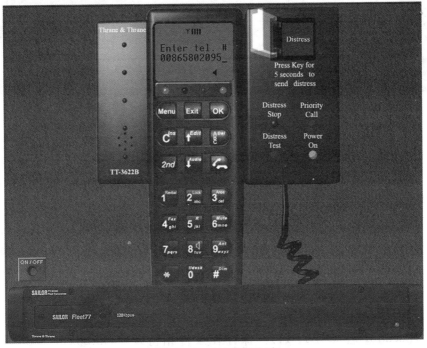

图 11-10 F 站常规电话

（四）E-MAIL 发送

①拨号连接 Internet 看到两个电脑闪烁，显示 Disconnect 说明成功入网（图 11-11）。

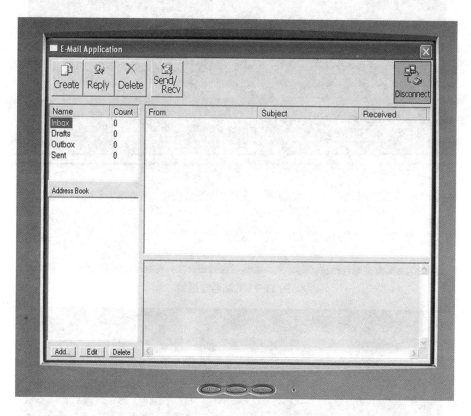

图 11-11　F 站成功入网

电话机显示 MPDS 移动数据包连接（不能使用电话）。

②编写 E-MAIL 地址（Address Book）（图 11-12）：ADD（添加）；Edit（编辑）；Delete（删除）。

岸台：name：（公司名或用户名）；Address：名称@域名。

船台：name：（船名或呼号）；Address：F 站数据号@Satmail. bt. com。

③写信（图 11-13）：

Create→TO，发送→CC 抄送→BCC 密送→subject 主题，文件名。

按照标准格式编写电文。

④send 发送（图 11-14）：保存在发件箱待发（Outbox）；Store 保存（Drafts）。

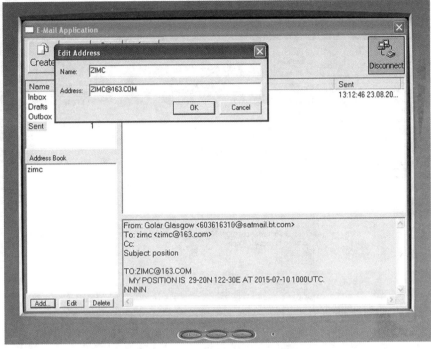

图 11-12 F 站 EMAIL 地址本编辑

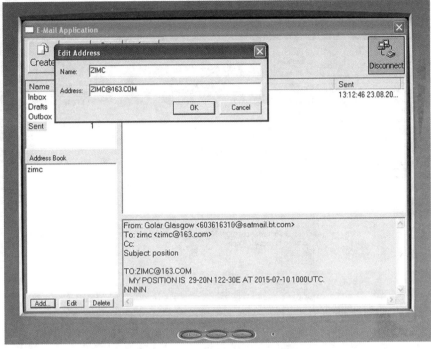

图 11-13 F 站写信

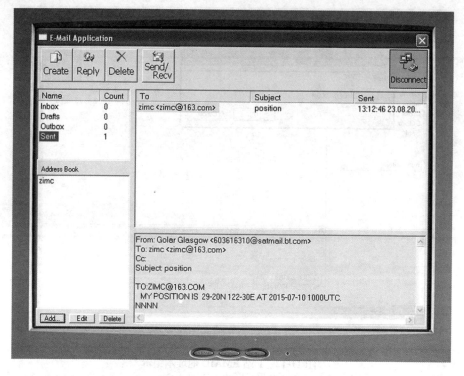

图 11-14　F 站 EMAIL 发送

　　⑤邮件交换：按 Send/Recv 键，发送待发邮件（保存在 Sent）和接收邮件（保存在 Inbox），Delivery failed 表示发送失败。

第十二章 "SAILOR HC4500" MF/HF 设备的操作

一、"SAILOR HC4500" MF/HF 设备简介

MF/HF 设备通常也叫中高频组合电台，是 GMDSS 系统中地面通信系统的主要设备，可以实现船船或船岸间中远距离通信，也可通过海岸电台实现与陆地公共网络用户之间的通信。

二、"SAILOR HC4500" MF/HF 设备的组成

"SAILOR HC4500" MF/HF 设备是丹麦 SAILOR 公司生产的，其组成主要包括收发单元（主机）、控制单元、NBDP 终端和天线调谐单元。"SAILOR HC4500" MF/HF 收发单元和控制单元整合在一起，比较紧凑，外加 NBDP 数据终端。

三、"SAILOR HC4500" MF/HF 设备的功能与操作

（一）开、关机
1. 开机
先开 GPS，再开 DSC 打印机，最好开单边带电源 ON。
2. 关机
先关单边带电源 OFF，再关 DSC 打印机，最后关 GPS。
（二）面板介绍
如图 12-1 所示。

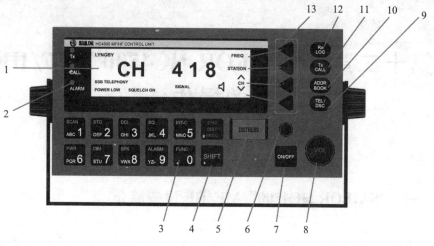

图 12-1　MF/HF 面板

1	显示屏
2	TX：发射指示灯
	CALL：收到 DSC 指示灯
	ALARM：收到 DSC 报警信息指示灯
3	键盘
4	上档键，按住该键选择键盘第二功能（相同的黄色字体）
5	遇险报警按键（按住 3s 以上）
6	频率微调或射频增益调节（SSB 模式频率显示界面时）
7	电源开关
8	音量调节
9	电话、DSC 界面切换
10	DSC 地址簿
11	DSC 呼叫编辑
12	DSC 电文接收记录
13	软键，功能依次对应屏幕显示的内容

（三）单边带电话通信操作

1. 将工作模式选择单边带电话 SSB telephony

按 MODE 键；SSB telephony（J3E）常规单边带无线电话；AM telephone（H3E）调幅电话（2182kHz）；TELEX（F1B/J2B）电传。

2. 输入频道或频率

①输频道（图 12-2）：按 CH 进入频道界面，输入 818 按确认软键（ENTER）。

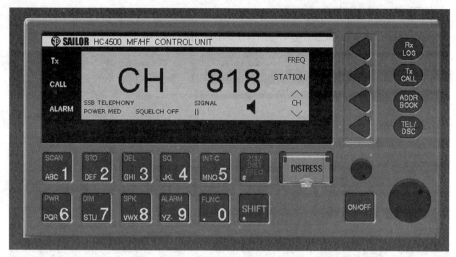

图 12-2 MF/HF 频道输入

②输频率（图 12-3）：在 SSB 模式频道（CH）界面按软键（FREQ），转到频率界面。输入 Rx/87700 后按软键 TX，输入 Tx/82460 按 ENTER 确认。

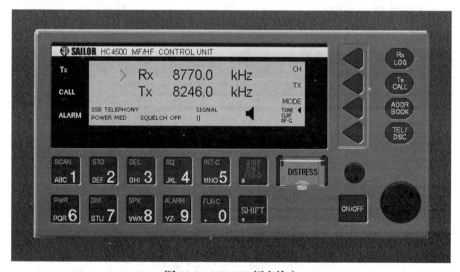

图 12-3 MF/HF 频率输入

需要注意的是：

a. 船台的 RX 大、TX 小，岸台的 RX 小、TX 大。

b. 船与船通信一般选择同频单工工作。

c. 调谐所设频率，微调各个旋钮，使输入/出信号达到最佳（PWR 输出功率、静噪 SQ、音量、CLRF 清晰度、RF-G 增益），拿起话筒按通话键（PTT）即可通话。

（四）FUNC 功能介绍

按 SHIFT＋FUNC 0 键，如图 12-4 所示。

图 12-4　MF/HF FUNC 功能菜单

1. USER 用户功能

如图 12-5 所示。

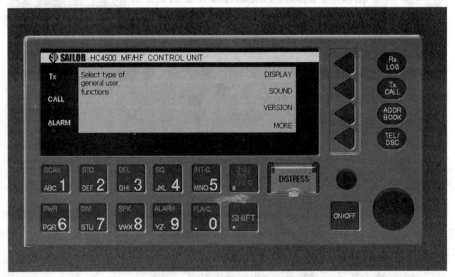

图 12-5　MF/HF USER 功能

DISPLAY 显示设置（上下调节对比度，ACCEPT 确认）；SOUND 音量（调耳机和报警声音大小）；VERSION 版本；MORE 更多……PRINT DSC 接收到 DSC 电文是否打印；CONFIG 端口；CANCEL 返回；AGAIN 循环。

2. TELEPHONY 话机设置

如图 12-6 所示。

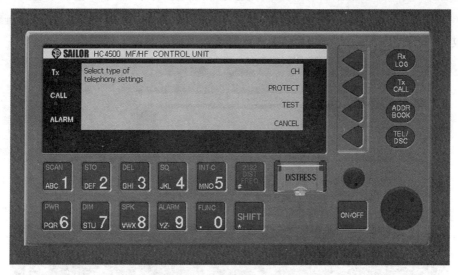

图 12-6 MF/HF 话机设置

CH 频道设置（ADD 添加；DELETE 删除；VIEW 查看）；PROTECT 密码；TEST 话机测试。

3. DSC 设置

如图 12-7 所示。

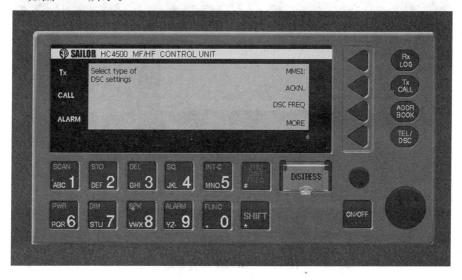

图 12-7 MF/HF DSC 设置

MMSI 本机识别码（单呼号和群呼号）（图 12-8）；ACKN 收妥确认（自动应答开/关）；FREQ：DSC 频率（遇险和常规频率添加、删除、查看）；MORE 更多：POSITION 船位（CHANGE 修改）；TIME 时间（CHANGE 修改）；TEST 内部测试（每天一次：自测试，值班机测试，报警测试）

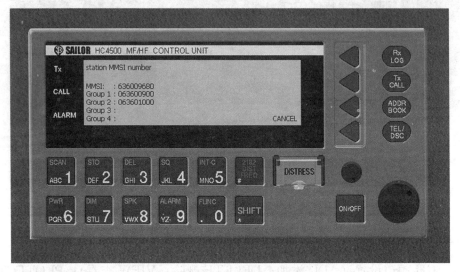

图 12-8　MF/HF MMSI 查看

4. STATION 电台登记

按 SHIFT＋FUNC 0 键→MORE→STATION（图 12-9）。

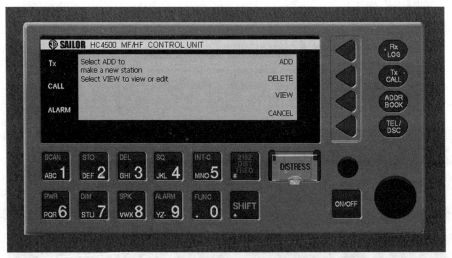

图 12-9　MF/HF 岸台登记

ADD 添加（SHORE 岸台：TO 输入 MMSI→00MIDX6-X9→岸台名→

DSC 频率 6 位 RX 和 TX→STN CH 频道四位→SAVE STN 存储；SHIP 船台：TO 输入 MMSI→MIDX4-X9→船台名→DSC 频率 6 位 RX 和 TX→STN CH 频道四位→SAVE STN 存储）；DELETE 删除；VIEW 查看；

（五）DSC 呼叫测试（外部测试）

每周一次。

TX →SHORE→输入测试岸台的 MMSI 或按 MEMORY 键调取→TEST CALL→上下键选择呼叫频率→ACCEPT 确认→SEND 发送呼叫测试（图 12-10）。然后等待岸台的确认（图 12-11）。

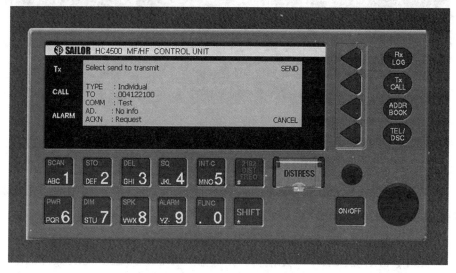

图 12-10　MF/HF DSC 呼叫测试

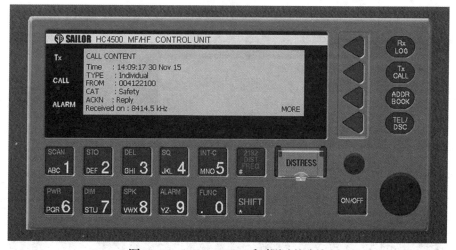

图 12-11　MF/HF DSC 呼叫测试的确认

（六）DSC 遇险报警

1. 紧急情况下

打开 DISTRESS 盖板，按住 DISTRESS 键 3s 以上，开始发送遇险报警（图 12-12）。

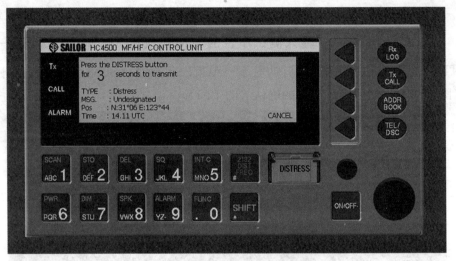

图 12-12　MF/HF DSC 遇险报警

发射的内容：本船的 MMSI、遇险的船位、时间，默认使用随后工作频率 2182kHz 通信。

如果没有应答，4min 后自动重发，取消按 CANCEL。

收到岸台的确认后，声光报警，屏幕显示 Distress acknowledgement received（图 12-13）。

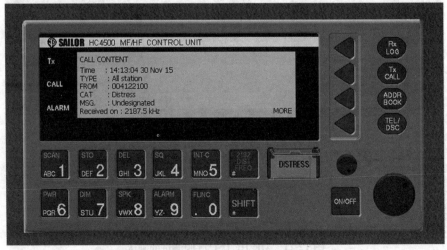

图 12-13　MF/HF DSC 遇险报警确认

岸台收到报警的行动：（1～2.75min）3min 内收妥确认 ACKN。

附近船的行动：3min 内可以进行遇险的转发 REPLY 或可以在相应的电话、电传频道上收妥确认；如果 3min 后无岸台收妥，若有能力救助则可以收妥确认，以终止报警。

2. 有时间情况下

（TX）—DISTRESS→ 选择遇险性质（DISABLE 失控、FIRE 火灾、SINKING 沉没……）—遇险船位、时间（由 GPS 提供或人工输入）—随后的工作方式（SSB TEL-J3E/AM TEL 2182kHz/FEC—F1B/J2B）—选择呼叫频率→打开 DISTRESS 盖板，按住 DISTRESS 键 3s 以上发出报警。

（七）DSC 遇险转发 DISTESS RELAY

如图 12-14、图 12-15 所示。

（TX）—EXTENDED 详细的呼叫→MORE 更多→D. RELAY 遇险转发。

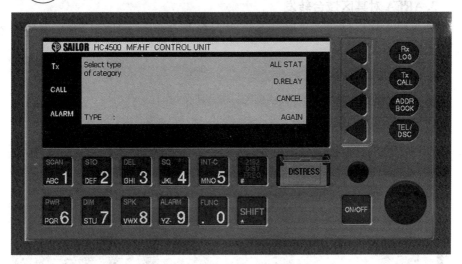

图 12-14　MF/HF DSC 遇险转发

1. ALL STAT 对所有台转发

UNKNOWN 不明船/KNOWN 知道船（输该船 MMSI）—遇险性质→遇险船位→遇险时间→该船要求的随后工作方式→选择呼叫频率→SEND 发送→YES 3s 以上发出遇险转发呼叫。

2. INDIVIDUAL 对某单台转发

输入转发台 MMSI（岸台：00MIDX6-X9；船台：MIDX4-X9）—其余同 1.。

图 12-15　MF/HF DSC 遇险转发类型

3. AREA 对某区域台转发

输入墨卡托区域（左上角为参考点：参考点纬度 Δ 纬差，参考点经度 Δ 经差）—其余同 1.。

4. GROUP 对某个船队转发

输入该船队 MMSI（0MIDX5-X9）—其余同 1.。

（八）详细的 DSC 呼叫

如图 12-16 所示。

图 12-16　详细的 MF/HF DSC 呼叫类型

TX—EXTENDED 详细的呼叫—INDIVIDUAL 单呼/GROUP 群呼/AREA 区呼/MORE 更多/

ALL STAT 全呼

1. 单呼（对某个船进行单呼）

①先调谐随后工作频率。

②TX→more→extended→individual→对方的 MMSI→常规 rouitine→随后工作方式→no info→work freq→自动填写已经调谐的频率→选择呼叫频率→发送。

收到 DSC 呼叫后，CALL 灯亮，显示 individual call received。

a. 同意对方的要求，connect 连接→发送双方及其自动显示随后工作频率和工作方式，直接可以进行通信；

b. 不同意，change→work freq 输入新的工作频率→输入新的工作方式→发送。

2. 群呼（对某个船队进行呼叫）

①先调谐随后工作频率。

②发射 TX→more→extended→group→船队的 MMSI（0MID12345）→优先等级 routine 常规→随后的工作方式（SSB TEL 单边带无线电话、AM TEL、ARQ、FEC）→no infomation→work FREQ→自动填入已调的频率→呼叫频率→send。

3. 区呼（对某个区域进行呼叫）

①先调谐随后工作频率。

②发射 TX→more→extended→area→（参考点经度、经差/参考点纬度、纬差）→优先等级→随后工作方式→no info→work freq→呼叫频率→send。

4. 全呼 all station（一般用于随后广播 MSI）

①先调谐随后工作频率。

②呼叫 TX→MORE→extend（详细的呼叫）→more→all station→优先等级 safety→随后工作方式（SSB TEL 单边带无线电话、AM TEL、ARQ、FEC）→NO INFO→自动填入已调工作频率→呼叫频率→send。

（九）DSC 值守

如图 12-17 所示。

图 12-17　MF/HF DSC 值守

CHANGE：修改；WATCH：值守；VIEW FREQ：查看值守频率；DIS FREQ：遇险频率。

设置常规值守频率：

CHANGE→上下选择左右移动→选择值守频率 disable 关闭→exit 退出→view freq 查看已经设置的频率。

（十）NBDP（窄带印字电报）操作

1. 窗口简介

如图 12-18 所示。

F1：电传终端功能。上面的窗口里显示"预备状态"时的功能键。和其他功能键不同，F1 终端功能无论终端是否处于预备状态功能都一样。

F2：Distress 进入遇险模式。

F3：TX 与电文发射相关的功能（设置、删除、发射列表等）。

F4 Scan：与扫描相关的功能（设置、删除、扫描时刻表等）。

F5 Messages：电文操作功能（创建新电文、复制、删除等）。

F6 Subscriber：用户操作功能（创建新用户、复制、删除等）。

F7：View 查看下列信息：TELEX 连接；TELEX 错误；系统状态；当前扫描；存储的电文；通信记录。

F8 Menus：选择下列菜单：模式；设置；服务；指导。

F10 Return to DOS：返回功能。

```
RADIOTLX                                      Sunday 15/06-08 03:11:58

                      TELEX (ARQ) TERMINAL

F10 Return to DOS                        F1 TELEX terminal functions

  _




 F2 Distress  F3 TX  F4 Scan  F5 Message  F6 Subscriber  F7 View  F8 Menus
                   The modem is in 'standby' state
```

图 12-18　NBDP 主界面

无线电传使用功能键作为工具。每一个窗口都包含一些功能键。这些功能键有些在不同的窗口意思不相同。通过图 12-19，了解这些功能键在用户的船舶电传编辑窗口的意思。同时，了解有哪些功能键在不同的窗口一直都具有相同的意思。

```
RADIOTLX          M/V GOLAR GLASGOW         Friday 26/05-00 12:42:38

              EDIT SHIP TELEX SUBSCRIBER - 'M/S MARY'

F10 Return to EDIT TELEX SUBSCRIBER - 'M/S MARY'        F1 Modify field

Call code . . . . . . . . . .86901      (Digits only)
Ship master frequencies . .4 frq:  4.2-12.6 MHz   (Ship calls)
Ship slave frequencies . .    0.0 kHz (Master used when RADIOTLX calls)





        F2 Save  F3 Delete  F5 Advanced  F6 Procedures
```

图 12-19　船舶电传用户窗口

2. 电传的发射

无线电传使用两种发射方式：人工方式和自动方式。在大多数情况下，自动发射提供最容易的发射方式。推荐呼叫岸台使用自动发射，因为终端会在数个频率中扫描，检测一个空闲频率使用。进入发射窗口：①如果还没有处在 TELEX 或 FEC 终端，按 CTRL＋C 进入。②按 F3 TX（发射）。③按 F4 键在自动发射窗口和人工发射窗口之间进行转换。④设置自动发射方式：自动方式需要操作员事先准备好相关内容。如编辑用户、编辑岸台、编辑电文（也可以临时输入电文）。

(1) 自动发射方式　自动发射窗口如图 12-20 所示。

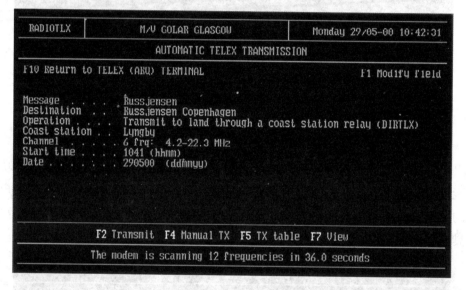

图 12-20　自动发射窗口

自动发射窗口栏目见：

Message 信息	选择要发送的信息。一个临时的特殊的信息被选择，然后删除。如果你想编辑一个信息并存储，就进入终端的信息处理。
Destination 目的地	按 F1 进入用户或岸台列表，在选择列表中，选择用户或岸台，按 F2 在岸台列表和用户列表中进行选择。
Operation 操作	通过该项选择目的地支持的操作，如存储转发传真。

（续）

Coast station 岸台	根据操作，无线电传让选择一个岸台或设置该栏不可用。只有为选择的操作提供通信工具的岸台才能被选择。
Channel 频道	选择发射频率。如果是发往岸台的，可以选择几个频率，无线电传可以扫描一个空闲的频率使用。如果目的地是船台必须选择一个频率。
Time Date 时间	默认时间是当前时间。如果要在晚一点的某个时间发送，就改变这个值。如果设备接有外部时间输入，这个时间会自动更改。

具体操作：

①操作类型：

·发射信息。

·请求对话。

·对信息测试（MSG）。

·从存储发射系统获得状态。

②连接类型：

·直接发射。

·通过岸台的存储转发系统发射。

·通过岸台转发到陆地。

·通过岸台的存储转发系统发到陆地。

③发射类型：

·当如果发射信息和通过岸台的存储转发系统发到陆地方式必须选择。

·电传发射（Transmit message as land based telex，TLX）。

·传真发射（Transmit message as land based fax，FAX）。

·电报发射（Transmit message as land based telegram，TGM）。

·信件发射（Transmit message as land based letter，RTL）。

设置好自动发射相关内容后，按 F2 键开始发射或等待发射时间到后进行发射。自动发射过程不需要人工干预，设备自动呼叫岸台，和岸台建立通信后，根据操作员输入的目的地自动输入被呼用户的国家码和电传码，开始呼叫用户。和用户建立通信后，自动调出电文发送。电文发送完毕，自动输入四个 K 拆除陆上电路。最后拆除无线电路。整个过程一气呵成，不用操作员操作。

（2）人工发射方式　人工发射窗口如图 12-21 所示。

```
RADIOTLX             M/V GOLAR GLASGOW           Monday 29/05-00 10:44:53
                       MANUAL TELEX TRANSMISSION
F10 Return to TELEX (ARQ) TERMINAL                       F1 Modify field


Call code . . . . . . . . .     86901      (Digits only)
Channel type . . . . . . . .    ITU intership channel
Channel . . . . . . . . . .     401
Own RX frequency . . . . . .    4202.500   kHz
Own TX frequency . . . . . .    4202.500   kHz




          F2 Transmit  F4 Auto TX  F5 TX table  F7 View
          The modem is scanning 12 frequencies in 36.0 seconds
```

图 12-21　人工发射窗口

人工发射窗口项目见：

Call code 呼叫码	目的地的电传号码。
Channel type 频道类型	在下面选项中选择：ITU 船台之间的频道；ITU 岸台频道；·频率；ITU 遇险与安全频率。
Channel 频道	输入频道号。如果选择频率作为频道类型，该项不可用。
RX frequency 接收频率	输入接收频率。只有选择频率作为频道类型时，该项才可用。
TX frequency 发射频率	输入发射频率。只有选择频率作为频道类型时，该项才可用。

当频道或频率项填上有效值后，收发机设置为这些频率，这样收发机监听发射频率是否可用。

按 F2 键进行发射。

按 F2 后，将返回终端。在这可以观察通信过程或没有连接时离开无线电传并随后返回查看结果。从通信记录中可以查看发射是怎样处理的。

使用人工发送方式对岸台呼叫，然后和陆上某用户进行直接电传通信。

按 F3 键进入发射设置窗口，按 F4 键在自动发射窗口和人工发射窗口之间进行转换。转换到图 12-22 人工发射窗口。

```
RADIOTLX                          Tuesday 17/06-00 13:20:00
                    MANUAL TELEX TRANSMISSION

F10 Return to TELEX (ARQ) TERMINAL

Call code . . . . . . . . .           (Digits only)
Channel type . . . . . . . .  Frequencies
Channel . . . . . . . .       Q
Own RX frequency . . . . . .      0.000  kHz
Own TX frequency . . . . . .      0.000  kHz




            F2 Transmit  F4 Auto TX  F5 TX table  F7 View
               The modem is in 'standby' state
```

图 12-22 转换后的人工发射窗口

在窗口中的呼叫码项输入被呼叫的岸台电传码；选择频道类型的频率；输入收发频率。输入的收发频率一定是呼叫的岸台在目前值守的一对频率。在本台接收频率项输入岸台发射频率，在本台的发射频率处输入岸台的接收频率。例如：上海海岸电台的电传码是 2010。上海电台 12 时后值守的频率是：发射频率 8433.00kHz、接收频率 8393.00kHz。在呼叫项输入 2010，在接收频率项输入 8433.00 kHz，在发射频率项输入 8393.00 kHz。如图 12-23。

```
RADIOTLX                          Tuesday 17/06-08 13:21:26
                    MANUAL TELEX TRANSMISSION

F10 Return to TELEX (ARQ) TERMINAL

Call code . . . . . . . . .   2010      (Digits only)
Channel type . . . . . . . .  Frequencies
Channel . . . . . . . . .     0
Own RX frequency . . . . . .   8433.000  kHz
Own TX frequency . . . . . .   8393.000  kHz




            F2 Transmit  F4 Auto TX  F5 TX table  F7 View
          Scanning stopped, enabling listening to own TX frequency
```

图 12-23 频率输入方式

完成人工发射设置之后，按 F2 进行呼叫，终端设备开始进入呼叫过程。

呼叫定向程序完成之后，本台和上海海岸电台之间进行相互识别。然后上海电台发 GA+? 过来。GA+? 是 Go Ahead 的缩写，表示发过来。是岸台向呼叫台发射的指令，表示双方的通信线路已经建立，请船台向岸台发送通信指令。DIRTLX0xy＋是直接电传通信，TLX0xy＋是存储转发指令，x 表示国家码，Y 表示用户电传号码，＋表示结束符。TST＋是向岸台申请发送测试电文的指令。BRK＋是拆除船台与海岸电台之间的无线通信线路指令。如呼叫水手公司，其电传码为 69789，国家码为 55。在 GA+? 后输入 DIRTLX05569789＋，岸台开始呼叫水手公司。MOM 等待。具体过程见图 12-24A。

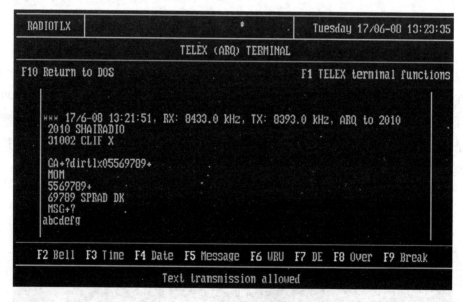

图 12-24A　通信过程

呼叫成功之后，本台和水手公司建立通信连接，水手公司发应答码 69789 SPRAD DK。然后出现指令 MSG＋? 提示发射端发送电文。这时，操作员可以直接输入要发送的电文，如果之前编辑并存储有电文，也可以按 F5 键发送存储的电文。电文发送结束后，输入连续的四个 KKKK，拆除岸台与水手公司之间的陆上线路。进程如图 12-24B：

岸台拆掉与水手公司的线路后，再次与本台交换识别码，给出呼叫时

```
RADIOTLX                          Tuesday 17/06-08 13:27:16
                    TELEX (ARQ) TERMINAL
F10 Return to DOS                    F1 TELEX terminal functions

    5569709+
    69789 SPRAD DK
    MSG+?
abcdegkkkk

    2010 SHAIRADIO
    31002 CLIF X
    17.6.2000 13:26
    SUBSCR: 5569789+
    DURATION: 0.6 MIN


    GA+?_
  F2 Bell  F3 Time  F4 Date  F5 Message  F6 WRU  F7 DE  F8 Over  F9 Break

              Text transmission allowed
```

图 12-24B　通信过程

间、呼叫的用户和本次呼叫持续的时间。当出现 GA＋？时，操作员可以和其他陆上用户建立连接，也可以进行链路测试，如果没有其他要求，则输入 BRK＋或者按 F9 键拆除和岸台的无线电路。具体见图 12-25。

```
RADIOTLX                          Tuesday 17/06-08 13:28:00
                    TELEX (ARQ) TERMINAL
F10 Return to DOS                    F1 TELEX terminal functions

    69709 SPRAD DK
    MSG+?
abcdegkkkk

    2010 SHAIRADIO
    31002 CLIF X
    17.6.2000 13:26
    SUBSCR: 5569789+
    DURATION: 0.6 MIN


    GA+?brk+
  F2 Distress  F3 TX  F4 Scan  F5 Message  F6 Subscriber  F7 View  F8 Menus

              The modem is in 'standby' state
```

图 12-25　通信结束过程

第十三章 JRC JHS-32A 型 VHF 设备的操作

一、JRC JHS-32A 型 VHF 设备简介

VHF 无线电设备，主要用于近距离遇险报警、常规呼叫及通信，是 GMDSS 要求必须配备的设备之一。JHS-32A 型 VHF 通信设备是日本 JRC 公司在其 JHS-31S 基础上推出的产品，该产品完全满足 IMO 和 CCIR 的技术要求，是一种带 DSC 的 VHF 无线电话设备，能进行全双工和单工通信，可外接 3 个遥控器和 2 个装于驾驶台两侧的水密送受话器，还可设置 ITU 频道、USA 频道、CANADA 频道（共有 57 个）。该机发射频率范围为：155.000～159.000MHz，接收频率范围为：155.000～160.000MHz（单工）、160.000～163.5000MHz（双工）。私人频道最多 99 个，存储频道最多 10 个，频道间隔为 25kHz，发射类型为 G3E 和 G2B（F3E，F2B）。该机具体设备包括：JHS-32A VHF 无线电话主体、11209 VHF 天线两副、天线滤波器及同轴电缆等。

二、JRC JHS-32A 型 VHF 设备的功能与操作

（一）开/关机

1. 开机

按下 POWER 键，控制单元（包括所有遥控单元）通电，屏幕显示 16CH 工作状态。

2. 关机

同时按下 POWER 和 OFF 键，控制器和显示器断电。

（二）面板介绍

如图 13-1 所示。

面板各功能键的名称及作用：

①LCD DISPLAY：发光二极管显示器。

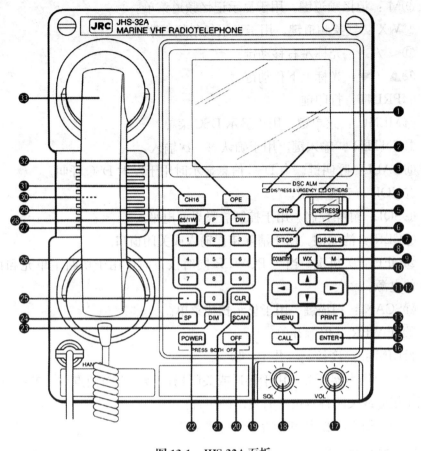

图 13-1 JHS-32A 面板

②DISTRESS & URGENCY LED：遇险及紧急指示灯，当收到遇险及紧急信号时发光。

③OTHERS LED：其他指示灯，当收到非遇险及紧急的其他信号时发光。

④CH70：选择 70CH 进入 DSC 模式。

⑤DISTRESS：发射遇险呼叫。非紧急情况下不得使用，发射时应一直按住本开关，直到报警声由断续变成连续。

⑥STOP：用于停止 DSC 呼叫发射和报警。在扫描状态下可用来停止扫描，还可用于返回前一显示状态。

⑦DISABLE：禁止键。当收到常规呼叫时停止音频报警。

⑧COUNTRY：国家键。用于选择区域（可选国际/美国/加拿大）。

⑨M：记忆频道键。用于显示记忆频道菜单。

⑩WX：气象频道键。用于显示气象频道菜单。

⑪＜／＞：光标左右移动键。

⑫▲／▼：光标上下移动键。

⑬PRINT：打印键。

⑭MENU：菜单键。用于显示 DSC 菜单。

⑮ENTER：输入键。用于确认每一次输入。

⑯CALL：呼叫键。当 DSC 信息显示时用于发射 DSC 呼叫。

⑰VOL：音量控制。

⑱SQL：静噪控制。用于控制静噪界面电平。

⑲CLR：清除键。用于清除错误输入或关闭窗口。

⑳OFF：关机键。当与 POWER 同时按下时，用于切断主单元和控制单元的电源。

㉑SCAN：扫描键。用于显示扫描菜单。

㉒POWER：电源开关。

㉓DIM：亮度控制（共 12 级）。

㉔SP：扬声器开关。用于接通或关闭扬声器。当与圆点键一起按下时，可用于接通或关闭各键按下时发出的声音。

㉕⊙：用于小数点和电话号码的连字符。

㉖0～9：数字键。

㉗P：私人频道键。

㉘25/1W：大、小功率选择键。

㉙DW：双值守键。用于目前已连接的频道与 16CH 之间的转换。

㉚PTT：PUSH TO TALK 话筒按键。进入发射状态，也可停止扫描状态。

㉛CH16：用于选择 16CH 及从 DSC 状态转换到电话状态。

㉜OPE：操作者选择键。当不止连接一个机器而本机在工作时，按下此键就选择本控制器，当无其他遥控器连接时，按此键无作用。

㉝Handset：VHF 话筒。当挂机时自动转到 16CH。

（三）VHF 电话操作

1. 频道设置

直接按频道号，共 57 个频道 1～28 和 60～88。

其中：

CH70（156.525M）F2B/G2B 用于与 VHF DSC 遇险报警呼叫和值班。

CH16（156.8M）F3E/G3E 用于与无线电话遇险报警呼叫和值班。

CH06（156.3M）F3E/G3E 国际上用于船与飞机通信，国内用于船舶间避让通信。

CH13（156.65M）F3E/G3E 用与船舶间安全通信。

单工频道（收发同频）为 06、08~17、67~74、77，其余为双工频道。

单工用于船与船工作和遇险工作，双工用于船与岸台工作。

2. 登记/存储频道（共 10 个）

<M>→上下键选 No.11（registration）→ <Enter> 上下键选存储位置 →输入频道号→ <Enter> →<Stop>返回。

3. 双值守功能（DOUBLE WATCHKEEPING）

先输入需值守的频道，再按<DW>可看到同时值守主频道和 16 频道，取消按<CH16>。

4. 接收扫描功能

<Scan>上下键选择模式：

all Ch scan（所有频道扫描）

Memory CH Scan（存储频道扫描）

Select CH scan（选择频道扫描）→输入频道号 from→To <Enter>开始扫描 →<stop>（停止扫描）或 <CH16>返回 CH16。

(四) VHF DSC 操作

1. 发射 DSC 遇险呼叫

(1) 紧急情况下

打开<Distress> 保护盖，按住<Distress>键，直到报警声断续变为连续即发射。按<stop>停止并返回主菜单，再按<stop>或<CH16>返回 CH16。

(2) 人工编辑遇险呼叫

<Menu> →显示 15 项菜单内容，选择<Distress Call Edit>
→ <Enter>→

Formate（格式）：Distress（遇险）：

Nature of distress（遇险性质）：Undesignated Distress（没指明的遇险）

DIST-Position（遇险位置）：N XX.XX　E XXX.XX（北纬和东经）

Dist-UTC（遇险国际时间）：00：00

Telecommand（通信指令）：G3E Simp TEL（G3E 模式的单工电话）

End of Seqence（结束符号）：EOS

Call CH（呼叫频道）：70

→光标至 DIST-Position 项 →左右键调象限（NE，NW，SE，SW）→上下键选择→＜Enter＞→输入经纬度→＜Enter＞→输入时间→＜Enter＞光标跳到＜Call CH70＞→＜Enter＞→＜distress＞发射→＜stop＞停止并返回。

2. 取消误报警

如发生误报警，应立即按＜stop＞停止发射并返回 CH16，接着在 16CH 上通知附近的船舶和最近的 RCC，请求取消误报警。

3. DSC 单呼

＜Menu＞→上下键选择 Individual Call Edit。

fromat：Individual

address：X1-X9

Category：Routine（distress/ungency/safety/ships bussiness/routine）

Telecommand1：G3E Simp TEL（G3E Simp TEL/ G3E Dup TEL）（单工/双工）

Telecommand2：No Information

Work CH：XX

End of Sequence：ACK RQ

Call Ch：70

→＜Enter＞光标移至 Work CH 输入工作频道→＜Enter＞→＜Call＞发射。

4. 查看本船识别码

MENU→13、DSC SETUP Confirmation。

→SELF-NO 单呼号

→GROUP-NO 群呼号

5. 用户自测试

MENU→14、Self Test for User。

第十四章 RT4822 型 VHF 模拟器

一、RT4822 型 VHF 模拟器简介

RT4822 是 SAILOR 公司研制生产的 VHF 设备，可完成船到船、船到岸近距离的通信。主要由主机、天线和打印机组成。

二、RT4822 型 VHF 模拟器功能与操作

（一）开关机

（1）开机　先开 GPS，再开打印机，最后开收发机电源。

（2）关机　与开机顺序相反。

（二）面板介绍

如图 14-1 所示。

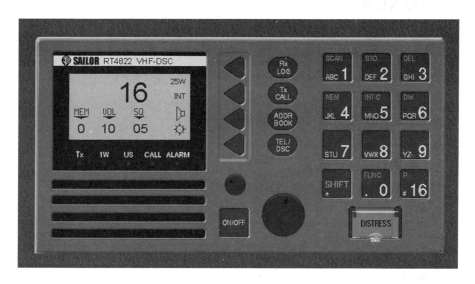

图 14-1　RT4822 面板

25W 功率	接收记录	1 扫描 2 存储 3 删除
显示 16 频道 INT 国际频道	发射呼叫	4 记忆 5 内部通话 6 双值守
⤵免提		
✿亮度		7 8 9
MEM VOL SQ	地址本	
记忆频道 音量 静噪		Shift 功能键 0 功能键 ♯16
发 1 美 呼 报	电话/DSC	
射 W 国 叫 警		

| 信噪比 SQ |
| 开关机键 音量键 遇险报警按钮 |

（三）VHF 电话介绍

频道设置

直接按频道号（3S 内），共有 57 个频道（1～28，60～88）

其中 CH70、CH16、CH13、CH06

CH70 156.525M F2B/G2B 用于 VHF DSC 遇险、紧急、安全、日常呼叫及值班。

CH16 156.8M F3E/G3E 用于 VHF 无线电话遇险、紧急、安全、日常呼叫及值班。

CH13 F3E/G3E 用于船舶间航行安全通信。

CH06 F3E/G3E 国内用于船舶间避让通信，国际用于船与飞机通信。

单工频道：SIMPLEX 06、08～17、67～74、77

双工频道：DUPLEX

单工频道用于船与船/岸通信、遇险通信

双工频道用于船与岸通信

船与船通信必须用单工

船与岸通信单工、双工频道均可

功率

25W→1W 灯亮 表示小功率 用于船舶内部小功率通信 1n mile

1W 灯灭 表示大功率 用于对外呼叫 20～30n mile

频道制式

US 灯亮 表示美国频道

US 灯灭 表示国际频道

双值守（图 14-2）

先按 CH16 以外的主频道，再按 shift＋DW

如无信号时，同时显示主频道及 CH16（主频道 1s 内闪 0.9s，CH16 1s 内 0.1s）

如果主频道有信号，显示主频道

如果 CH16 有信号，显示 CH16

如果都有信号，显示 CH16

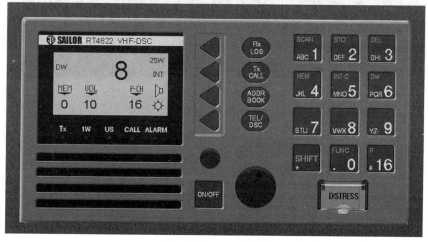

图 14-2　VHF 双值守

（四）Func 功能菜单介绍

本船 MMSI（图 14-3）、船位、时间查看：Shift ＋ func→DSC。

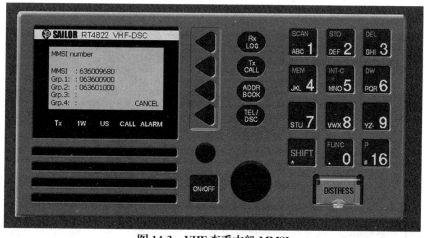

图 14-3　VHF 查看本船 MMSI

自测试（图 14-4）

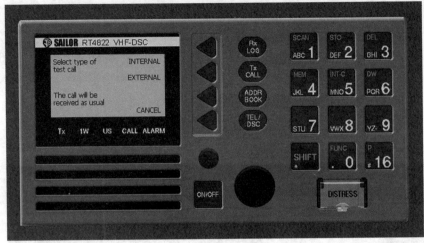

图 14-4   VHF 自测试

Shift ＋ func→DSC→TEST→Internal 内部测试（每天）

External 外部测试（每周）

电台登记

Shift ＋ func→more→Directory→ADD 添加→ 电台名→ MMSI →存储

查看   view

删除   delete

（五）VHF DSC 介绍

1. 遇险呼叫

Tx Call→Distress（图 14-5）→遇险性质（图 14-6）→打开面板，按
distress 按钮（如图 14-7）

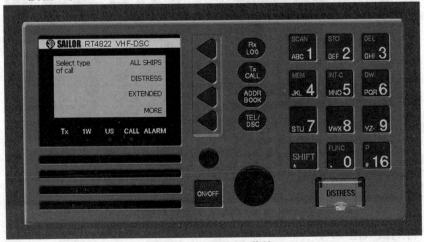

图 14-5   VHF 遇险菜单

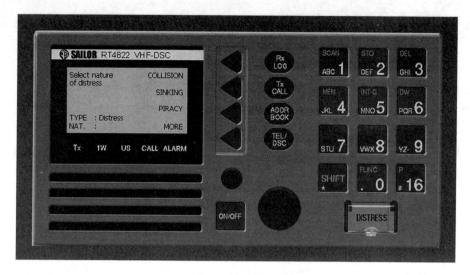

图 14-6　VHF 遇险性质选择

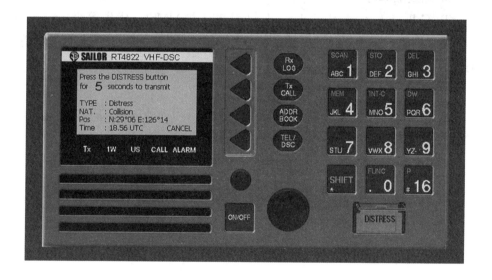

图 14-7　按 DISTRESS 报警

2. 船到岸单呼

Tx Call→more→extended→individual→00MIDXXXX→without→优先
等级 routine→no infor→channel→输入随后工作频道→ with 要求对方应答，
without 不要求对方应答→ send（图 14-8）。

图 14-8　船到船单呼

3. 船到船单呼

Tx Call→more→extended→individual→对方 MMSI→优先等级 routine→simplex（只能）→ no infor→channel →输入单工频道→with 要求对方应答，without 不要求对方应答→ send。

第十五章 "JRC JQE-3A"型 406M-EPIRB 的操作

自从 1992 年 GMDSS 开始实施以来,应急无线电示位标(EPIRB)作为 300GT 以上船舶的必配设备在全世界各国船舶上得到广泛使用。

一、工作原理(406M-EPIRB 用于全球报警)

一旦遇险,人工或自动启动,发射遇险报警,由经过上空的 COSPAS/SARSAT 卫星接收并转发给 LUT(区域用户终端),LUT 根据多普勒频移原理计算出遇险船位送 MCC(任务控制中心),MCC 形成初始的遇险电文送 RCC(搜救协调中心),由 RCC 组织船和飞机营救遇难者。

二、"JRC JQE-3A" EPIRB 操作

(一)面板介绍

EPIRB(图 15-1)表面往往标注如下信息:

Model JQE-3A 型号;Class 2 等级(看工作温度);

Serial No:GP35674 序列号;

Date of MFR:FEB 2005 出厂日期;

OPE duration:48H or more at -20℃ 工作时间≥48h;

OPE TEMP 工作温度-20℃+55℃(二级);

Name of Vessel:OOCL ZHOUSHAN 船名;

Radio Call:BOKN 呼号;

MMSI:412504000 海上移动识别码;

Battery Model:NBB303A 电池型号;

Battery Expiry date:FEB 2009 电池有效期。

(二)操作开关

ON:人工强制启动报警(遇险时使用)。

图 15-1 EPIRB 外形图

OFF：人工强制关闭报警（维修、检查、报废）。

Ready：待命状态（自动启动 AUTO）——平时开关位置。双保险：磁性开关/水敏开关。

Test：测试（1 个月一次）。

（三）检查

3 个月进行一次外观检查。

电池有效期检查（4 年更换）：MFR 出厂日期；Expiry 有效期。

测试（Test 必须小于 30s）：绿灯亮表示电源正常；闪光灯亮表示工作正常。

静水压力释放器（2 年更换）。

（四）误报警的取消

用 INMARSAT 船站或其他通信设备给最近的 RCC 打电话或发电传解释，请求取消报警。内容：

①本船国籍/船名/呼号；

②本船的 9 位 MMSI 码；

③发射误报警的 UTC 时间；

④所使用的误报警设备（EPIRB）及其识别码；

⑤请取消。

第十六章 "JRC JQX-30A" SART 的操作

一、"JRC JQX-30A" SART 简介

JQX-30A SART 满足 SOLAS 的要求，SART 提供了寻找遇险中的救生艇筏的手段。工作在 9GHz 波段（X 波段），并在被 9GHz 船用或飞机用雷达电磁波询问后产生一连串应答信号，用以向搜救者指示遇险位置，同时 SART 上红色的指示灯将告诉幸存者有搜救船正在接近。这种 SART 的特征：

①便携式，适用于所有船舶、救生艇、救生筏；

②安装好的 SART 能通过一加长杆来保证天线高度高于水平面至少 1m；

③为了启动 SART，可从安装支架上取下 SART，将开关旋至 "ON" 位置，便进入预备状（Standby）；

④在遇险情况下启动时，SART 能发射一连串的应答信号以响应 9GHz RADAR 的询问，该信号在 RADAR 屏幕上能指明 SART 的距离和方位；

⑤当 SART 收到救助船或飞机上 9GHz RADAR 的询问信号，SART 上的指示灯将发出断续的红色信号。

⑥当 RADAR 询问信号接近时，红色的闪光信号从断续变为连续，以通知幸存者并增强其信心；

⑦SART 能在预备状态（Standby）下工作 96h 后连续应答 8h。

二、"JRC JQX-30A" SART 存放位置

为了在紧急情况下快速启动 SART，一般将其存放在驾驶台。在遇险等紧急情况时它还能被安装在船舶、救生艇、救生筏的合适位置。

注意：不要在 RADAR 天线扫描区较近距离操作或存储 SART，否则将使 SART 暴露在强电磁波辐射下，从而导致 SART 产生故障。

①首先在驾驶台安装固定架，不要把 SART 放在容易受震动和碰撞的地方；

②不要把 SART 存放在室外，避免直接暴露在阳光、风、雨或潮湿的地方；

③把 SART 放在容易寻找和便于拿到的地方；

④通知所有船员 SART 所存放的位置；

⑤与磁罗经保持 1.5m 以上的距离；

⑥有必要准备一个安装附属装置以确保 SART 能可靠地安装在救生艇或救生筏上，没有这种附属装置 SART 不能在救生艇/筏上正常操作。

三、"JRC JQX-30A" SART 操作与维护

（一）操作

SART 只能在紧急情况下并在向主管部门或救助单位报告后才能使用。具体包括两种紧急情况：

①当船舶推进器故障，但没有必要弃船时；

②已弃船并登上救生艇/筏时。

1. 打开 SART 电源开关

①旋转开关环（Switch ring）使其刻度标志线对准"ON"位置表示电源已打开；如旋转开关环（Switch ring）刻度标志线对准"OFF"位置表示电源已断开。

②确认绿灯已亮，这表明 SART 能接收 RADAR 信号（即为 Standby 状态）；如无绿灯则表明 SART 有故障需维修。

③当救助船或飞机的雷达询问信号被 SART 接收到，则红色指示灯将断续闪亮，而当救助 RADAR 不断接近时，断续闪光将变成连续红光。

2. 在船上操作 SART

①首先将本船的 RADAR 关掉；

②从存储处取出 SART 并将其安装在紧急安装处（如磁罗经甲板等）；

③将 SART 的电源开关置于"ON"位置；

④如插座支架已安装，将带天线屏蔽器的 SART 牢固地插入插座架中；

⑤如未安装插座支架，将 SART 用固定绳可靠的绑在栏杆上或其他类似地方；

3．在救生艇上安装和操作 SART

注：在每一个救生艇上用标签"SART 紧急安装处"标明 SART 的安装位置，同时通知所有船员，以避免 SART 无法安装和使用。

①先将本船的 RADAR 关掉；

②从存储处取出 SART 并将其带到救生艇；

③将 SART 的电源开关置于"ON"位置；

④逆时针转动救生艇上安装处的底板并取下底板；

⑤从吊钩上松开牵引绳，拆下顶帽；

⑥将 SART 放进救生艇的安装口，直至 SART 的顶部塑料环吊在安装口上；

⑦将 SART 上的绳子缠绕在救生艇安装口并系牢。

4．在救生筏上安装和操作 SART

注：预先在救生筏上选择一安装 SART 的紧急位置并通知所有船员 SART 存放处。

①先将本船的 RADAR 关掉；

②从存储处取出 SART 并将其带到救生艇；

③将 SART 的电源开关置于"ON"位置；

④最理想的是将 SART 安装在不妨碍 RADAR 信号救生筏外部某处，一般要根据救生筏的结构选择安装方式。

（二）日常维护和检查

1．维护和检查注意事项

要确保在紧急情况下 SART 能正常工作，定期进行日常维护和检查是十分必要的。

警告：不要试图对 SART 内部进行维修，只有经 JRC 公司授权的专业人员才能进行这种维修，自行内部维修可能导致起火或故障。维修应与 JRC 公司或其代理联系。

注意：

①检查到故障，立即与 JRC 公司或代理联系以维修或更换 SART；

②不要使用溶剂清洁 SART，否则 SART 外表面的防水涂层将会失效；

③查看 SART 上标记电池的到期时间，如果到期，与最近的 JRC 公司或其代理联系，这种型号的 SART 电池在安装或重新更换之后有 3 年有效期；

④这种型号的 SART 使用的是一次性电池（原电池），不可充电，否则可能会导致爆炸。

2．日常维护（可由船员完成）

(1) 检查要求　根据检查表每周至少进行一次检查并记录，如有故障必须立即处理：

①检查安装位置：舱室如驾驶台。

②检查员：由船长指定的船员。

③检查时间间隔：每周一次。

④检查设备：表面检查。

(2) 检查项目

①外表是否磨损、清洁或损坏；

②绿灯是否亮；

③电池的有效期；

④确认无障碍物影响在紧急情况下取出 SART。

(3) 故障检查表　见表 16-1、表 16-2。

表 16-1　检查结果与处理

检查结果	措　　施
外表面上的标签或小的磨损	与最近的 JRC 公司代理联系
不清洁	用干布清洁
外部颜色明显改变、有裂缝或类似损坏	向 JRC 分公司或代理申请更换
当电源打倒"OFF"时，绿灯仍亮	向 JRC 分公司或代理申请修理或更换
电池已过期	向 JRC 分公司或代理申请更换电池

表 16-2　检查表

检查日期 （月/日/年）	外表面检查	绿灯情况	电池有效期检查	检查员

四、IMO 要求 SART 性能标准

（一）SART 基本性能标准

①SART 应满足以下需求

a. 能由不熟练的人员容易地启动；

b. 配有能防止意外启动的装置；

c. 装有能表明正确操作和能告诉幸存人员 SART 已被一雷达启动的视觉或听觉或视、听觉兼有的装置；

d. 能人工启动和关闭；也可包括自动启动装置；

e. 能显示备用状态；

f. 能从 20m 高度落入水中而无损坏；

g. 在 10m 深水中停留至少 5min 而保持水密；

h. 在规定的浸水条件下承受 45℃热冲击时能保持水密性；

i. 如果不是救生艇筏的组成部分能够漂浮；

j. 如果能漂浮，配备可用做系绳的扶索；

k. 不会受海水或油的过分影响；

l. 长时间日晒而不变坏；

m. 在各种水面上均为非常显眼的黄/橙色，以利于搜索；

n. 外部构造平滑，以防止损害救生艇筏。

②搜救应答器应有足够的电池容量，能在备用状态工作 96h，并且在备用期结束后，当被连续询问时，能以 1kHz 脉冲重复频率提供 8h 的应答发信；

③搜救应答器的设计应保证能在－20℃至 55℃范围温度下工作。储存时，它应能在－30℃至 65℃温度范围内不至损伤；

④安置后的搜救应答器的天线的高度应至少高出海平面 1m；

⑤应答器的垂直天线极坐标图和流体力学特点洋感能允许搜救应答器在巨涌条件下应答搜救雷达。天线极坐标图在水平面上应基本上是全向的。应该用水平极化来发信和接收；

⑥搜救应答器被至少 5n mile 以内的天线高度 15m X 波段雷达询问时，应能正确工作。搜救应答器被 30n mile 以内的在 914m（约 3 000ft）高度的峰值输出功率至少 10kW 的空中雷达询问时，也应能正常工作。

（二）技术特点

搜救应答器的技术特点应符合国际无线电通信委员会第 628 号建议。

（三）标记

应在设备的外部做如下的标记：

①简要操作说明；

②所用主电池的过期日期；

③船名和 MMSI。

第十七章 "JRC NCR-333" 型 NAVTEX 接收机的操作

自从 1992 年 GMDSS 开始实施以来，航向电传（NAVTEX）作为 300GT 以上船舶的必配设备在全世界各国船舶上得到广泛使用。它主要是为 A1、A2 海区航行的船舶播发海上安全信息，使船舶能及时获得航行警告、气象、搜救等相关信息。

一、面板介绍

如图 17-1 所示。

二、基本操作

1. 开机

按【PWR/CONT】键开机，显示开机画面，紧接着 15s 的自检屏幕，自检完成后将出现信息的正文。

2. 关机

同时按住【PWR/CONT】和【DIM】键 1s 关机。

3. 亮度调整

按【DIM】键调整显示屏亮度，4 种状态循环（大-中-小-关闭-最大）。

4. 对比度调整

按【PWR/CONT】键，每按一次此键，显示区域的对比度将改变一次，共 13 个电平值。

5. 屏幕转换

按【DISP】键切换显示屏幕。

6. 显示信息

信息正文：启动设备后，将显示最新信息正文。另外，在任何屏幕状态下接收到最新信息也能显示信息正文。如图 17-2 所示。

（1）清除未读标志　收到信息后，信息的正文显示：如果还未阅读，则

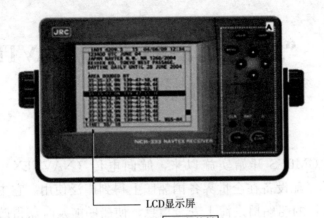

LCD显示屏

A:面板按键

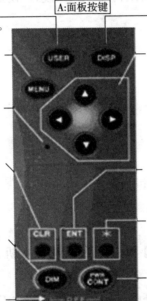

USER Key（用户键）
此键显示USER设置的画面。

MENU Key（菜单键）
显示主菜单。

BUZZER（蜂鸣器）

CLR Key（清除键）
清除错误的输入内容或
取消操作，或关闭蜂鸣
报警声。

DIMMER Key（亮度键）
调整LED屏幕的背光亮度。

Power Off（关机按钮）
同时按住Power和Off关机。

DISP Key（显示键）
改变屏幕显示内容。

Up.Down. Left. Right Key（方向键）
用于移动光标，液动屏幕
或选择项目。

ENTER Key（确认键）
确认所选择项目或设定的内容。

·Key（·键）
显示小屏幕（窗口）。

POWER/CONTRAST Key
（开机/对比度调整）键
开机、调整LCD显示屏的对比度

图 17-1   NAVTEX面板介绍

状态栏会有一个未读标志"✉"，如果按下【ENT】键，警告句子（THE MSG WAS RECEIVED. PRESS【ENT】KEY）将消失，并且信息变为已读信息。若所有信息均为已读信息，则未读标志将消失。

（2）读信息　按上下箭头键可移动光标到下一行，光标到顶部或底部时，可翻页。按左右箭头键可以跳到上一条或下一条信息的正文。

（3）保存信息　可将当前打开的信息永久地存储于数据存储器中。操作步骤如下：

```
IA01 4209.5   18  31/12/05 18:20
▲JAPAN NAVTEX N.W. NR 1260/2005
KEIHIN KO. TOKYO EAST PASSAGE.
DAYTIME DAILY UNTIL 08 JULY 2006

AREA BOUDED BY
35-35-37.9N 139-47-18.4E
35-34-58.9N 139-48-08.6E
35-34-53.9N 139-48-03.1E
35-35-02.0N 139-47-55.3E
35-35-32.3N 139-47-16.6E
35-35-35.0N 139-47-15.1E
35-33-37.9N 139-46-18.4E
▼35-33-58.9N 139-46-16.6E
LINE: 13/ 18
```

图 17-2　NAVTEX 正文信息

①按【＊】键会出现一个子屏幕；

②在子屏幕中选择【SAVE MSG】并按【ENT】键；

③当出现"ARE YOU SURE?"时，选择"OK"并按【ENT】键；

④完成信息保存后，按【ENT】键或【CLR】键。

注意：如果信息未保存，它将在接收后 70h 从数据存储器中自动擦除。每个频道可保存 50 条平均长度为 500 个字符的信息。当信息不能保存时，删除已存储信息，然后重新保存即可。

7. 信息查询

（1）查询步骤

①按【DISP】键数次，显示当前储存的信息清单，每条信息都包含了接收站以及信息的类型信息。如图 17-3 所示。

```
MSG LIST1    SORT:DATE     Auto X1
    ID   FREQ  LINES    DATE   TIME
▲ IA01 4209.5   15  09/06/04 12:34
 STATION : YOKOHAMA
 MSG TYPE: NAVIGATIONAL WARNINGS
 KA04   518    10  09/06/04 10:34
 STATION : KUSIRO
 MSG TYPE: NAVIGATIONAL WARNINGS
 IA07   490    20  04/06/09 09:34
 STATION : YOKOHAMA
 MSG TYPE: NAVIGATIONAL WARNINGS
 KC10   490    12  04/06/09 05:34
 STATION : YOKOHAMA
 MSG TYPE: ICE REPORTS
 KH13   518     5  09/06/04 05:34
 STATION : KUSIRO
▼ MSG TYPE: LORAN  MESSAGE
DATA:329/438
```

图 17-3　NAVTEX 信息显示

②选择信息：按上下箭头键可逐行移动光标和翻页，要阅读在光标所指信息按【ENT】键；

按左右箭头键可显示上（或下）一屏。

（2）信息分类　为更快地搜索信息，可将信息分类，操作步骤如下：

①按【﹡】键会出现一个子屏幕；

②在子屏幕中选择【LIST】并按下【ENT】键，此时将出现"LIST"项；

"LIST"项如下：

SORT：显示分类信息

DATE：按接收时间反序排列

STNS：按接收站的顺序排列

AREA：按 NAVAREA 的顺序排列

MSGTRYP：按电文种类的顺序排列

UNREAD：未读信息按接收时间反序排列

DISP：显示所选频道信息

——ALL：显示所有信息；

——518kHz：仅显示 518kHz 的信息；

——490kHz：仅显示 490kHz 的信息；

——4209.5kHz：仅显示 4209.5kHz 的信息。

③选择【SORT】项，然后选择【DISP】项目内容。

④选择【OK】并按【ENT】键，开始信息分类。

⑤信息分类完成后，按【ENT】键或【CLR】键

（3）保存信息　将光标移至所需信息，按【﹡】键，选择【SAVE MENU】并按【ENT】键，选择【SELECT MSG】，当出现"ARE YOU SURE?"时，选择"OK"并按【ENT】键，完成信息保存后，按【ENT】键或【CLR】键。信息保存后在此信息行将出现""标志。

三、主菜单

按【MENU】键，主要有设置、维护等项目。如图 17-4 所示。

1. 接收台设置

按【MENU】菜单键，选择【1. RX STATION】项按【ENT】键出现菜单如图 17-5。

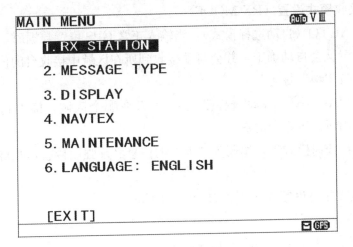

图 17-4　MENU 菜单选项

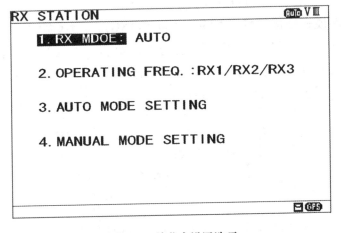

图 17-5　接收台设置选项

菜单的框架为：

①RX MODE（接收模式）：选择【AUTO】或【MANUAL】作为接收台选择方法；

②OPERATING FREQ（操作频率）：选择接收频道；

③AUTO MODE SETTING（自动模式设置）：在每个航行区域自动选择接收台和显示菜单；

④MANUAL MODE SETTING（手动模式设置）：不管在什么区域均显示所选接收台的菜单。

2. 接收模式设置（RX MODE）

——AUTO（自动选择模式）：当输入正常 GPS 位置数据时，船的航行区域和位置就会自动确定，并会自动接收到所在区域中接收台的信息。此时状态栏上有""标志。

——MANUAL（手动选择模式）：不管在哪个区域，接收到的信息为每个频道中所设置岸台的信息。

注意：任何模式下，编码为"00"的信息必须强制接收，并自动显示和存储。

3. 接收频道设置（OPERATING FREQ）

——RX1/RX2/RX3：518kHz/490kHz/4290.5kHz；

——RX1/RX2：518kHz/490kHz；

——RX1/RX3：518kHz/4290.5kHz

RX1（518kHz）必须被选择。

4. 自动模式设置（AUTO MODE SETTING）

为每个航行区域中的每个频道选择接收台。按【MENU】键，选择【1. RX STATION】项按【ENT】键，选择【3. AUTO MODE SETTING】项按【ENT】键，显示如图 17-6 所示。

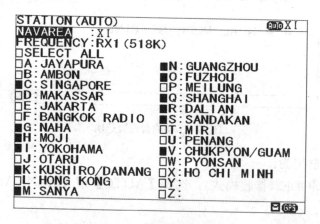

图 17-6　自动模式接收台设置

接收台设置项目有：

——NAVAREA：选择航行区域（I-XVI）；

——FREQUENCY：选 择 频 道（RX1/RX2/RX3：518kHz/490kHz/4290.5kHz）；

——SELECT ALL：选择 A 至 Z 的所有接收台。

黑框为选择接收台，白框为拒绝接收台。设置操作均为箭头键移动光标，按【ENT】键确认。一个区域或频道设置完成后，可以重复设置下一个区域或频道。

保存（或清除）设置操作：

设置完成后，按【＊】键，显示如图 17-7。

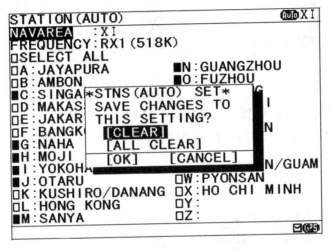

图 17-7　接收台设置子屏幕

【CLEAR】清除当前频道的设置；【ALL CLEAR】清除当前所有设置，返回以前设置状态；【CANCEL】继续设置；【OK】保存设置；均按【ENT】键确认。保存成功后屏幕会出现"SAVE OK"。

5. 手动模式设置（MANUAL MODE SETTING）

按【MENU】键，选择【1. RX STATION】项按【ENT】键，选择【3. MANUAL MODE SETTING】项按【ENT】键，显示如图 17-8 菜单。

这里没有航行区域（NAVAREA）的设置，手动模式的设置项目如下：

——FREQUENCY：选择接收频率（RX1/RX2/RX3：518kHz/490kHz/4290.5kHz）；

——SELECT ALL：选择 A 至 Z 的所有接收台。

黑框为选择接收台，白框为拒绝接收台。设置操作均为箭头键移动光标，按【ENT】键确认。一个频道设置完成后，可以重复设置下一个频道。

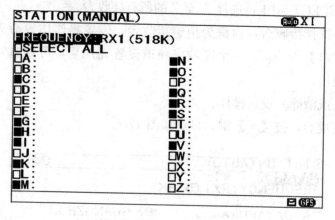

图17-8　接收台手动设置菜单

6. 接收电文种类设置（MESSAGE TYPE）

按【MENU】键，选择【2. MESSAGE TYPE】按【ENT】键，显示如图17-9菜单所示。

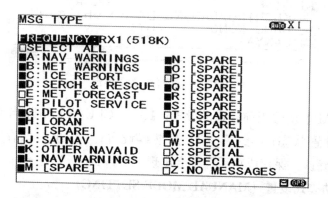

图17-9　接受电文设置菜单

电文种类设置菜单有如下项：

——FREQUENCY：选择接收频率（RX1/RX2/RX3：518kHz/490kHz/4290.5kHz）；

——SELECT ALL：选择A至Z的所有电文种类。

黑框为选择该类电文，白框为拒绝该类电文。设置操作均为箭头键移动光标，按【ENT】键确认。一个频道设置完成后，可以重复设置下一个频道。

注意：航行警告【A】、气象警告【B】、搜救信息/海盗【D】、附加航行警告【L】是不可拒收的。

7. 显示设置（DISPLAY）

按【MENU】键，选择【2. DISPLAY】按【ENT】键，显示如图17-10。

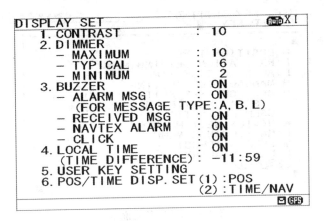

```
DISPLAY SET                      AuTo X I
   1. CONTRAST          :  10
   2. DIMMER
      − MAXIMUM          :  10
      − TYPICAL          :   6
      − MINIMUM          :   2
   3. BUZZER            : ON
      − ALARM  MSG       : ON
        (FOR MESSAGE TYPE:A, B, L)
      − RECEIVED MSG     : ON
      − NAVTEX ALARM     : ON
      − CLICK            : ON
   4. LOCAL TIME        : ON
      (TIME DIFFERENCE) : −11:59
   5. USER KEY SETTING
   6. POS/TIME DISP. SET(1):POS
                     (2):TIME/NAV
                                  ✉ GPS
```

图 17-10　NAVTEX 显示设置菜单

① 对比度调节：选择【1. CONTRAST】后，光标移至数字，用上下箭头调节合适的对比度按【ENT】键。【1】为最暗、【13】为最亮，初始设置为【7】。

②亮度调节：亮度电平值可有四种供选择（最大、典型、最小和关闭）。按【DIM】键切换。

选择【2. DIMMER】按【ENT】键，光标移至数字键，用上下箭头调节合适的亮度按【ENT】键。设置完【MINIMUM】后，按【ENT】键保存所有设置。

③蜂鸣器设置：当选择【3. BUZZER】后，可设置各个功能的打开或关闭。

——BUZZER：OFF：禁用所有蜂鸣器功能；ON：每个蜂鸣器功能均可用。

——ALARM MSG：接收到 A、B、L 类电文时是否报警；

——RECEIVED MSG：接收到普通电文时是否报警；

——NAVTEX ALARM：发生故障时是否报警；

——CLICK：按键是否发出声音。

注意：当收到搜救电文【D】时蜂鸣器必须报警。

④本地时间设置（LOCAL TIME）：当选择【ON】后，在"POSI-TION/TIME"屏幕上便会显示本地时间 LOCAL TIME.

⑤指定【USER】键的功能：可以用【USER】键设置一些快捷功能。选择【5. USER KEY SETTING】按【ENT】键，显示如图 17-11。

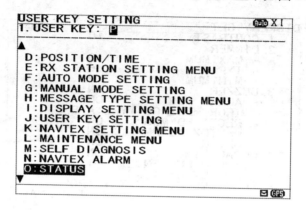

图 17-11　USER 功能菜单

按上下箭头键从"A"到"Z"中选择，然后按【ENT】键保存【US-ER KEY】快捷功能。

⑥ 位置/时间（POSITION/TIME）设定：可用来设置显示在"POSI-TION/TIME"屏幕上的项（位置、时间、导航信息）

8. NAVTEX 设置菜单

按【MENU】菜单键，选择【4. NAVTEX】项按【ENT】键出现如图 17-12。

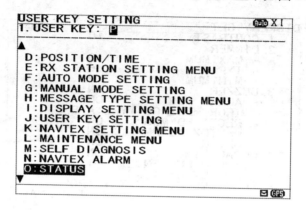

图 17-12　NAVTEX 设置菜单

菜单框架如下：

——CHARACTER SIZE：选择字符大小（NORMAL 正常，MEDIUM 中等，LARGE 最大）；

——CER DISP SETTING：误码率显示设置（ON 显示，OFF 不显示）；

——MESSAGE SCROLL：设置自动滚屏功能（ON 开启，OFF 关闭），只能在字符最大时设置；

——MESSAGE SPEED：设置自动滚屏速度（NORMAL 正常，SLOW 慢，FAST 快）；

——PRINTER PROPERTY：设置外部打印机连接。

9. 设备维护设置

按【MENU】菜单键，选择【4. MAINTENANCE】项按【ENT】键出现如图 17-13。

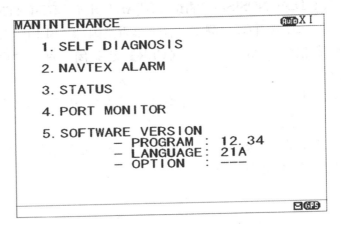

图 17-13　NAVTEX 系统设置菜单

菜单的框架如下：

——SELF DIAGNOSIS：进行自测试操作；

——NAVTEX ALARM：显示错误警报日志（能显示最近 20 个，【NO DATA】无警报）；

——STATUS：状态栏，显示当前接收机设置状态；

——PORT MONITOR：端口监视，显示每个端口的串行数据；

——SOFTWARE VERSION：显示安装的软件版本。

10. 自测试操作

选择【1. SELF DIAGNOSIS】后按【ENT】键，显示自测试屏幕如图17-14。

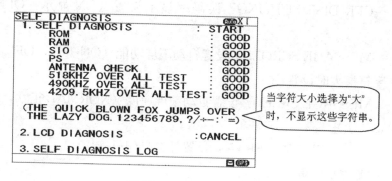

图 17-14　NAVTEX 自测试

菜单的框架如下：

——SELF DIAGNOSIS：自测试（START 开始，ST-PRTN 开始并打印结果，CANCEL 取消），自测试过程屏幕重复闪烁"SELF DIAGNOSIS"标题，最后有报警声测试，可按【CLR】键关闭，每个"OVER ALL TEST"要花15s。

——LCD DIAGNOSIS：液晶屏测试（START 开始，液晶屏将会黑白闪烁；CANCEL 取消）

——SELF DIAGNOSIS LOG：自测试日志，先显示最近的测试结果，用上下键可查看前 10 次测试结果。

第十八章 "TF-780"型气象
传真机的操作说明

船用气象传真机（FAX）为航行船舶提供气象传真图，在世界各国船舶上得到广泛使用。

（一）控制面板介绍

面板如图 18-1，功能键作用如图 18-2。

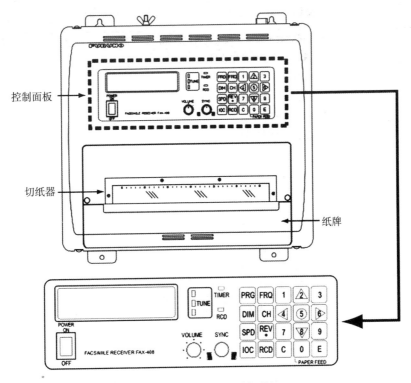

图 18-1　TF-780 控制面板

（二）TF-780 基本操作

1. 开关机

按【POWER】开关电源，开机时显示上次关机时的频道。

2. 调节 LCD 对比度

按【PRG】键，再按【7】显示对比度调整画面，按上下箭头键调整显示对比度（0～9 共 10 档），选定的对比度显示在 LCD 上，按【E】键确认，按【C】键返回待机画面。

3. 调整 LCD 和 LED 亮度

用【DIM】键调整，共五档。

按键或指示	说　　明
POWER ON □ OFF	电源开关
VOLUME ⊙	调整接收信号音量或按键声音大小
SYNC ⊙	微调定相信号
PRG	·先按此键再按以下数字键可进入相应设置模式 1—选择内置或外接接收机 2—设置定时接收功能 3—设置睡眠定时器 4—增加或编辑频道 5—设置日期及时间 6—调协 ISB 频移 7—调整 LCD 显示对比度 9—清空 RAM（读写存储器） ·在设置模式下，返回首页
FRQ	·由频道模式转换为频率模式 在频率模式下设置频率
DIM	调整显示器发光二极管亮度，五档
CH	·由频率模式转换为频道模式 ·在频道模式下设置频道
SPD	选择记录速度
REV	·反转记录格式（由黑底白字反转为白底黑字或反之） ·输入频率时插入小数点，输入频道时插入 ＊ 号 ·选择＋或一
IOC	选择 IOC

（续）

按键或指示	说　　明
RCD	手动记录时，开始/结束记录
E	确认设置
C	· 设置模式下，清除数据 · 由设置模式转换为待机模式
△	向上调整频道（频道模式下）或频率（频率模式下）
◁	记录时，手动向左调相，每按一次大约向左移动 5mm
⑤	显示时间/日期
▷	记录时，手动向右调相，每按一次大约向右移动 5mm
▽	向下调整频道（在频道模式下）或频率（在频率模式下）
0	送纸
TUNE	接收频率比设定的频率高，相同或低时，上中下指示灯分别点亮
TIMER	定时模式或睡眠模式启动时，灯亮
RCD	· 接收启动信号时，闪烁 · 接收过程中，点亮

图 18-2　TF-780 功能键作用

4. 频道和频率显示

用【CH】键选择显示频道，用【FRQ】键选择显示频率。频道号以三维数显示。如频道号"000"的两种显示模式为：

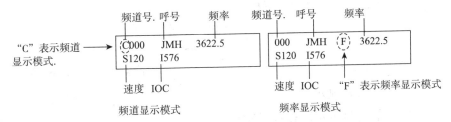

5. 频道设定

在频道显示模式下，按上下箭头键选择频道号，也可按【CH】键＋

【5】键选择频道。在第三位数处输入（＊）可自动选择信号最好的频道。

6. 选择所需频率进行频率微调

也可按【FRQ】键加数字来输入频率，按【REV】键输入小数点，可输入的频率范围是 2 000.0～24 999.9kHz。在频率显示模式下，用上下箭头键可微调频率，每次 0.1kHz，调整准确后 TUNE 灯亮（绿）。

（三）自动接收

一旦选择了某个发射台进行接收，本机就在待机状态下等待发射台的启动信号。

收到启动信号后本机开始记录打印。

①按【CH】键，显示频道

C00＊	JMH	3622.5
S120	I576	

"＊"表示自动选择本组最佳频道。

②按上下箭头键选择所需频道。当收到启动信号时，显示 "AUTO START SEARCHING FRAME"，RCD 灯（橙色）闪烁。记录开始后，速度及合作系统（IOC）自动调整。记录时 LCD 灯长亮，收到电台的停止信号后，记录自动停止，RCD 灯灭，也可按【RCD】键手动停止记录。

（四）手动接收

按【CH】键，按上下箭头键选择所需频道，按【RCD】键开始接收，此时显示 "MANUAL START SEARCHING FRAME"，RCD 灯（橙色）闪烁。如过一会儿还未开始记录，再按一次【RCD】键，记录开始后 RCD 灯停止闪烁并长亮。停止记录同（三）②。

（五）定时接收

本机可设置 16 个定时程序。

1. 编辑定时程序

①按【PRG】键，显示设置模式：

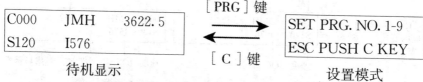

②按【2】键显示定时接收设定模式：

TIMER	RCV：1-OFF
2-ON	3-RCL 4-STR

③按【4】键选择 STR（储存）：

```
STORE   TIMER   REG
SET   REG   No. 0-F
```

④用上下箭头键选择定时接收程序编号，按【E】键。如选"1"，显示以下画面：

```
R1   SET   CHANNEL
No. in   3   FIGURES
```

⑤输入频道号，按【E】键：

```
R1   C000   SET   DAY
of THE WEEK BY   ▲▼
```

⑥用上下箭头键选择星期几（"＊"表示每天），按【E】键：

```
R1   C000   MON
SET START/STOP
```

⑦用数字键设置开始/结束时间，按【E】键确认，最后按【C】键退出。

2. 选择定时接收程序

①按【PRG】【2】键转到定时接收设定模式：

```
TIMER   RCV：1-OFF
2-ON・3-RCL   4-STR
```

②按【2】键选择 ON：

```
SET   REG   No. 0-F
PUSH ▲/▼&▶&E KEY
```

③用上下箭头键选择定时接收程序号码，如需要选择其他程序，按右键后重复以上步骤，按【E】键确认。此时显示出最早接收程序的开始及结束时间，TIMER 灯闪烁。

注意：定时记录启动后，除了【PRG】键外的其他键都被锁定。

3. 在等待接收时取消定时接收操作

①按【PRG】键，显示如下：

```
TIMER   RCV：OFF?
PUSH   E   KEY
```

②按【E】键取消。

（六）处理传真图像

1. 速度和 IOC

要打印出理想的图像，需要设置正确的速度和 IOC

①按【SPD】键显示速度调整画面：

```
SPEED：120
1-120    2-90    3-60
```

②按 1、2 或 3 选择合适的速度

③按【IOC】键显示 IOC 调整画面：

```
IOC：576
1-576    2-288
```

④按 1 或 2 键选择正确的 IOC。

2. 手动调相

调相不正确时显示如下：

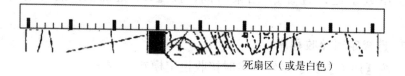

死扇区（或是白色）

用左右键移动死扇区，每次 5mm。

3. 同步调节

用【SYNC】旋钮调整倾斜图像，方法如下：

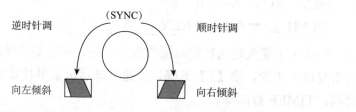

（七）定时设置

1. 启动睡眠定时器

①按【PRG】【3】键显示睡眠定时器设置模式：

```
SLEEP MODE：OFF
1-OFF    2-ON
```

②按 1 关闭，按 2 开启，按【E】键确认；开启后显示如下画面：

```
SLEEP   TIME：
SET   SLEEP   TIME
```

③ 按数字键输入睡眠时间（从当前时间后的 23h 59min），按【E】键启动睡眠模式，TIMER 灯亮，屏幕显示 IN SLEEP！

2. 关闭睡眠定时

在启动了睡眠定时功能并在等待进入睡眠状态时，只有【PRG】键可用。

① 先解锁键盘，按【PRG】键显示如下菜单，然后按【E】键解锁：

```
KEY LOCK：OFF？
PUSH   E   KEY
```

②再关闭睡眠定时，按【PRG】键显示如下菜单，然后按【E】键确认：

```
SLEEP MODE：OFF
PUSH   E   KEY
```

(八) 设定日期、时间

①按【PRG】【5】键显示如下：

```
SET MONTH
by▲/▼KEY
```

②用上下箭头键设定月份，按【E】键确认；用数字键输入日期，按【E】键确认：

```
FEB   22   SET   DAY
of   THE   WEEK   by ▲▼
```

③用上下箭头键设定星期，按【E】键确认；用数字键输入两位数年份，按【E】键确认：

```
FEB   22   WED
SET   YEAR   in   2FIG
```

④用 24h 制输入 4 位数时间，按【E】键确认，最后按【C】键返回待机画面。

```
            ：
SET   TIME   in   4FIG
```